essentials

essentials liefern aktuelles Wissen in konzentrierter Form. Die Essenz dessen, worauf es als „State-of-the-Art" in der gegenwärtigen Fachdiskussion oder in der Praxis ankommt. *essentials* informieren schnell, unkompliziert und verständlich

- als Einführung in ein aktuelles Thema aus Ihrem Fachgebiet
- als Einstieg in ein für Sie noch unbekanntes Themenfeld
- als Einblick, um zum Thema mitreden zu können

Die Bücher in elektronischer und gedruckter Form bringen das Expertenwissen von Springer-Fachautoren kompakt zur Darstellung. Sie sind besonders für die Nutzung als eBook auf Tablet-PCs, eBook-Readern und Smartphones geeignet. *essentials:* Wissensbausteine aus den Wirtschafts-, Sozial- und Geisteswissenschaften, aus Technik und Naturwissenschaften sowie aus Medizin, Psychologie und Gesundheitsberufen. Von renommierten Autoren aller Springer-Verlagsmarken.

Weitere Bände in der Reihe http://www.springer.com/series/13088

Heiko Herwald

Warum Ethik in der Wissenschaft wichtig ist

Ein Überblick für Wissenschaftler, Ethiker und Politiker

 Springer

Heiko Herwald
Division of Infection Medicine
Lund University
Lund, Schweden

ISSN 2197-6708 ISSN 2197-6716 (electronic)
essentials
ISBN 978-3-658-30687-8 ISBN 978-3-658-30688-5 (eBook)
https://doi.org/10.1007/978-3-658-30688-5

Die Deutsche Nationalbibliothek verzeichnet diese Publikation in der Deutschen Nationalbibliografie; detaillierte bibliografische Daten sind im Internet über http://dnb.d-nb.de abrufbar.

Planung/Lektorat: Hinrich Kuester
Springer ist ein Imprint der eingetragenen Gesellschaft Springer Fachmedien Wiesbaden GmbH und ist ein Teil von Springer Nature.
Die Anschrift der Gesellschaft ist: Abraham-Lincoln-Str. 46, 65189 Wiesbaden, Germany

Was Sie in diesem *essential* finden können

- Wieso das Humboldtsche Bildungsideal heute noch wichtig ist
- Die Bedeutung der wissenschaftlichen Freiheit für die Demokratie
- Warum ethische Prinzipien in der Wissenschaft in Zukunft wichtig sein werden

Danksagung

Ich möchte mich ganz herzlich bei Hildegard Herwald für ihre wertvollen Ratschläge und konstruktiven Anregungen bedanken.

Inhaltsverzeichnis

Prolog 1

Unser heutiges Leben ist wie in keiner anderen Epoche in der Geschichte der Menschheit durch technische und wissenschaftliche Erneuerungen geprägt. Beides hat zwar in einigen Teilen der Welt zu verbesserten Lebensbedingungen geführt, aber der Fortschritt hat auch einen hohen Preis. Denn die Menschheit steht vor sehr großen Herausforderungen, wie es beispielsweise die Corona-Krise zeigt. Diese und andere Probleme werden in Zukunft kaum zu bewältigen sein, wenn nicht bald ein drastisches Umdenken stattfinden wird. Zu den Problemen, die verstärkt auf uns zukommen werden, zählen u. a. der Klimawandel, die Umweltverschmutzung, die Ressourcenknappheit sowie politische Konflikte und eine ungerechte Verteilung von Einkommen und Vermögen. Durch die zunehmende Digitalisierung, mit dem Einführen des maschinellen Lernens (machine learning) und der künstlichen Intelligenz (artificial intelligence) kommen außerdem strukturelle Veränderungen auf uns zu, deren weitreichende Folgen kaum absehbar sind. Obwohl die globalen Auswirkungen dieser Entwicklungen schon seit langem bekannt sind und trotz vieler mahnender Stimmen, wird in der Politik jedoch erst in jüngster Zeit über die bevorstehenden Konsequenzen nachgedacht. Dabei wird zwar über Möglichkeiten diskutiert, wie man den drohenden Katastrophen entgegentreten könnte, aber konkrete Maßnahmen im Sinne der Nachhaltigkeit wurden bislang kaum durchgeführt. Das Agieren der Politik wirkt daher nur halbherzig und macht kaum Mut zur Hoffnung auf Veränderungen. So erscheint es auch nicht realistisch, dass in naher Zukunft längst notwendige Paradigmenwechsel kommen werden.

© Springer Fachmedien Wiesbaden GmbH, ein Teil von Springer Nature 2020   1
H. Herwald, *Warum Ethik in der Wissenschaft wichtig ist,* essentials,
https://doi.org/10.1007/978-3-658-30688-5_1

Die Diskussion über ethische Fragestellungen und Nachhaltigkeit zieht sich wie ein roter Faden durch die Geschichte der Menschheit. Bei politischen Entscheidungen wurde sie in der Vergangenheit meist von Philosophen oder politischen Ratgebern betrieben, konnte aber nicht immer zu einem nachbleibenden Erfolg führen. So beschrieb Herodot zum Beispiel schon im 5. Jhd. v. Chr. eine Begegnung zwischen dem damaligen lydischen König Krösus und Solon, der zu den sieben Weisen Griechenlands gezählt wurde. Krösus war im 6. Jhd. v. Chr. einer der wohlhabendsten Menschen seiner Zeit. Seinen Reichtum nutzte er, um ein ausschweifendes Leben im Überfluss zu führen. Nachdem Krösus seinen Wohlstand Solon zur Schau gestellt hatte, fragte er ihn, wen er für den glücklichsten Menschen halte. Sich der Antwort sicher wähnend, war Krösus sehr überrascht, dass er sich nicht unter den Personen befand, die Solon in den Sinn kamen. Als Krösus daraufhin intervenierte und wissen wollte, warum er nicht eine dieser Persönlichkeiten sei, antwortete Solon: *„Bei jeglichen Dingen muss man auf das Ende sehen, wie es hinausgeht"* *(Herodot 1885, S. 29) (Σκοπέειν δὲ χρὴ παντὸς χρήματος τὴν τελευτήν, κῇ ἀποβήσεται)* (Anschuber und Hörtenhuemer 2015, S. 14). Verärgert über diese Antwort, verwies Krösus Solon des Hauses, im Glauben, dass Solon unbelehrbar sei und die wirkliche Größenordnung des Glücks des Hausherrn nicht einmal ansatzweise begriffen hätte.

Dieses Beispiel hat an Aktualität nicht verloren, zeigt es doch, dass Menschen ihr persönliches Befinden über das der Allgemeinheit stellen. Dies trifft sowohl auf eine einzelne Person als auch auf eine ganze Nation zu. In beiden Fällen werden das individuelle Leben oder politische Entscheidungen auf die augenblickliche Situation ausgerichtet. Dabei fungieren Wohlstand und eine steigende Lebensqualität oft wie eine Paradigmenbrille, die dem Betrachter den Blick für die Folgen des Jetztzustandes verschleiern.

In der heutigen Zeit haben Globalisierung und Neoliberalismus zudem dazu beigetragen, dass eine Wachstumspolitik betrieben wird, in der ethische Prinzipien und Nachhaltigkeitsaspekte nur wenig Platz finden. Um eine Veränderung zugunsten einer verbesserten Zukunft herbeizuführen, wird die Wissenschaft einen wichtigen Beitrag leisten müssen. Neue wissenschaftliche Konzepte und Maßnahmen können aber nur verwirklicht werden, wenn sie Zielsetzungen für das Allgemeinwohl verfolgen. Um diese durchzusetzen, muss die Wissenschaft sich an ethische Prinzipien halten, weil nur sie garantieren, dass Forschung im Interesse des Gemeinwohls betrieben werden kann.

Zurück in die Zukunft   2

2.1   Fast and Furious

> „Die Gegenwart ist im Verhältnis zur Vergangenheit Zukunft, ebenso wie die Gegenwart der Zukunft gegenüber Vergangenheit ist. Darum, wer die Gegenwart kennt, kann auch die Vergangenheit erkennen. Wer die Vergangenheit erkennt, vermag auch die Zukunft zu erkennen. Vergangenheit und Gegenwart, frühere oder spätere Zeit, ist alles dasselbe. Darum kennt der Weise nach obenhin und nach untenhin Jahrtausende."
>
> (Lü Bu We; 3. Jhd. v. Chr.)

Die Fähigkeit, vorausdenkend zu agieren, bedarf vieler Kompetenzen. Visionäres Denken ist hierbei von besonderer Bedeutung, da es die Antriebskraft für Veränderungen ist. Veränderungen bedeuten aber auch das Verlassen bestehender Verfahrensabläufe, Routinen und Denkschemata. Damit verbunden kann es auch zu einer Umorientierung hin zu neuen Werten und Normen kommen. Das Verlassen bestehender Praktiken und Strukturen ist daher aber auch ein Schritt in das Ungewisse und kann sowohl Unsicherheit als auch Angst auslösen. Insbesondere, wenn es sich um Veränderungen von so großer Tragweite handelt, dass deren Folgen nicht mehr absehbar sind, kann sich dies auf das Gesamtwohl einer einzelnen Person, einer Gruppe oder sogar auf das einer gesamten Gesellschaft auswirken. Ethische Grundsätze sind dabei unerlässlich zur Lösung der Probleme. Denn sie setzen u. a. auch voraus, dass man sich bei der Verfolgung von visionären Zielen mit den möglichen Auswirkungen auseinandersetzt. Bei einer solchen Risikoabwägung müssen sowohl positive als auch negative Konsequenzen in Bezug auf kurz- sowie langfristige Eventualitäten abgewogen werden. Erst nach dieser Reflektion kann beurteilt werden, ob es sich um eine sinnvolle Maßnahme handelt. Daher beinhaltet die Fähigkeit, vorausschauend zu

© Springer Fachmedien Wiesbaden GmbH, ein Teil von Springer Nature 2020   3
H. Herwald, *Warum Ethik in der Wissenschaft wichtig ist,* essentials,
https://doi.org/10.1007/978-3-658-30688-5_2

denken, nicht nur das Erstellen von Visionen, sondern auch die Notwendigkeit kritischer Reflektionen unter Einbeziehung ethischer, sozialer, ökonomischer und ökologischer Aspekte.

In der Geschichte der Menschheit gab es immer wieder Epochen, in denen die Gesellschaft sehr großen Herausforderungen ausgesetzt war. So führte beispielsweise die Industrialisierung im 18. Jhd. zwar zu einer Verbesserung von Produktionsprozessen, trug aber auch erheblich zu einem kapitalistischen Wirtschaftssystem bei, das viele Menschen in die Armut trieb. Andere Exempel für weitreichende Veränderungen sind der Übergang von der Antike zum Mittelalter, die Ablösung des Absolutismus durch eine bürgerliche Revolution und die Aufklärung, um nur drei von vielen Beispielen zu nennen, in denen religiöse, politische oder kulturelle Herausforderungen so weitreichende Auswirkungen hatten, dass sie sich sogar in unserem heutigen Leben noch nachweisen lassen.

Auch zurzeit befindet sich unsere Welt im Umbruch. Das Internet und die Entstehung einer Informationsgesellschaft haben neben vielen anderen Faktoren hierzu erheblich beigetragen. Mit dem maschinellen Lernen *(machine learning)* und der künstlichen Intelligenz *(artificial intelligence)* werden zudem Herausforderungen auf uns zukommen, deren Folgen kaum absehbar sind. So ist es bereits heute möglich, dass uns das Internet mit Informationen zu jedem beliebigen Thema versorgt. Man kann eine gigantische Flut an Informationen digital speichern, und Computer nehmen Entscheidungen für uns im täglichen Leben ab.

In der Wissenschaft, so auch in der Medizin, hat die digitale Evolution zu gewaltigen Veränderungen geführt. Beispielsweise ist es heute möglich, das Genom eines Menschen innerhalb von einem Tag zu sequenzieren. Man kann wichtige Herz-Kreislauf-Funktionen wie Blutdruck und Pulsschlag kontinuierlich mittels sog. Smart-Uhren überwachen. Computerprogramme können bei einigen Krankheiten bessere Diagnosen treffen als Ärzte. Diese neuen Entwicklungen haben u. a. auch erheblich dazu beigetragen, dass neue Forschungsgebiete, wie die Bioinformatik oder die Systembiologie, entstanden sind. In beiden Fällen handelt es sich um interdisziplinäre Wissenschaftszweige, in denen man mit Computer unterstützter Technologien die Abläufe komplexer biologischer Prozesse auf molekularem und zellulärem Niveau untersucht und Algorithmen entwickelt, mit denen die Mengen von Forschungsresultaten besser und systematischer ausgewertet werden kann. Aber auch in vielen anderen Wissenschaftsdisziplinen, wie in der Physik, der Astronomie oder im Maschinenbau, kann auf den Einsatz von neusten digitalen Techniken nicht mehr verzichtet werden. All dies hat dazu beigetragen, dass es heute nicht nur möglich ist, innerhalb kürzester Zeit, enorme Mengen an Forschungsdaten zu generieren, sondern sie auch komplizierten Auswertungsprozessen zu unterziehen. Dabei werden so viele Erkenntnisse zusammengetragen, dass sich unser Wissen derzeit alle zwei Jahre verdoppelt.

Diese Entwicklungen haben aber auch eine Kehrseite. Denn nicht jeder kann dem Tempo folgen, mit dem sich derzeit viele Bereiche verändern. Viele Menschen betrachten daher diese Entwicklungen mit großer Skepsis, die Angst verursacht. Hinzu kommt, dass die wissenschaftlichen Fortschritte sich mit einer so rasanten Geschwindigkeit entwickeln, dass ethische und moralische Reflektionen nicht mithalten können. Dies kann zu Verunsicherungen führen, die sich nicht selten zu wilden Verschwörungstheorien und abwegigen Horrorszenarien hochstilisieren, die dann im Internet kursieren und noch mehr Menschen verunsichern. Allerdings gibt es auch viele bedachte und mahnende Stimmen, die auf die Risiken des enormen technischen Fortschritts mit sachlichen Argumenten aufmerksam machen. So wird beispielsweise diskutiert, welche Funktion die Menschheit in ferner Zukunft haben wird, wenn alle wichtigen Entscheidungen von Algorithmen getroffen werden. Aufgrund dieser und ähnlicher Diskussionen ist sich ein zunehmender Teil der Menschheit bewusst, dass wir uns in einer Zeit des Umbruches befinden. Welche Konsequenzen dies für die Menschheit haben wird, lässt sich nicht vorhersagen, jedoch besteht die berechtigte Gefahr, dass wir das Zepter aus der Hand geben und die Verantwortung für unser Leben der künstlichen Intelligenz überlassen.

2.2   Memento

Vor mehr als 600 Jahren befand sich die Welt im Umbruch. Das Mittelalter war im Begriff, sich zu verabschieden, und der Sprung in die Neuzeit stand bevor. Die mitteleuropäische Gesellschaft war noch in drei Stände unterteilt, von denen die ersten beiden, Klerus und Adel, nur ca. 2 % der Gesamtbevölkerung ausmachten. Dem dritten Stand gehörten hauptsächlich Bauern an, aber auch Handwerker und Kaufleute. Bildung stand nur den Mitgliedern der höheren Stände zu. Daher gab es auch keinen großen Bedarf an Büchern. Sie waren zudem rar, da sie im Mittelalter nur vervielfältigt werden konnten, indem man sie abschrieb. Meist wurden diese langwierigen Arbeiten von Mönchen in Klöstern ausgeführt, in deren Bibliotheken die Bücher dann auch archiviert wurden. Doch Mitte des 15. Jhd. sollte sich dies ändern. Johannes Gutenberg gelang es mittels Druckplatten, die Vervielfältigung von Büchern zu ermöglichen, so dass sie nicht mehr abgeschrieben werden mussten. Somit waren Bücher keine Unikate mehr und konnten auch käuflich von Mitgliedern des dritten Standes erworben werden.

Die Zeit war reif für diese bahnbrechende Erfindung. Denn im 15. Jhd. begann auch der internationale Handel aufzublühen. Mit dem Aufkommen von Handelsgesellschaften gelang es einigen Kaufleuten, erheblichen Reichtum zu erwirtschaften. Eine neue und wohlhabende bürgerliche Zunft konnte entstehen und mit ihr wuchs auch der Wunsch nach Bildung. Da der Kauf von Büchern zumindest nun für einen Teil einer neuen begüterten Schicht erschwinglich war, konnte sich jetzt Wissen auch im 3. Stand ausbreiten. Zwar wurde diese Entwicklung von der Kirche nicht gerne gesehen, da sie bislang das Monopol für Bildung für sich beansprucht hatte, aber die neuen Bildungsbürger stellten erstmals keine ernsthafte Gefahr dar. Ein weitaus größeres Problem bereitete jedoch das Übersetzen der Bibel, in Teilen oder vollständig, durch Erasmus von Rotterdam (geboren vermutlich zwischen 1466 und 1468 und verstorben 1536) und Martin Luther (1483–1546). Die Übersetzungen der Bibel stellte die Kirche vor eine Zerreißprobe, die letztendlich zu einer von Luther hervorgerufenen Abspaltung der reformierten Kirche führte. Grund hierfür war u. a., dass Luther beim Übersetzen der Bibel nach Hinweisen suchte, welche die Forderungen von Ablasszahlungen rechtfertigten. Da er diese jedoch nicht fand, wurde er in seiner Meinung bestätigt, dass die Kirche diese Gelder einfordere, um sich mit unredlichen Mitteln zu bereichern. Diese Erkenntnis erboste ihn so sehr, dass er 95 Thesen veröffentlichte, in denen er die Praktiken der Kirche anprangerte. Jedoch führte diese Aktion nicht zu der von Luther erhofften Erneuerung der Kirche, sondern trieb ihre Trennung voran. Die lutherische Reformationsidee breitete sich schnell in allen Teilen des deutschsprachigen Raumes aus und führte zur Gründung von sog. reformierten Kirchen. Die katholische Kirche wehrte sich vehement gegen diese Entwicklungen und leitete die Gegenreformation ein. Die Folgen waren kriegerische Auseinandersetzungen, die im Dreißigjährigen Krieg (1618–1648) einen ihrer traurigen Höhepunkte fanden.

Auch die Fortschritte in den Naturwissenschaften im 15. und 16. Jhd. haben die Kirche vor große Herausforderungen gestellt. Insbesondere die Entdeckung von Nikolaus Kopernikus (1473–1543), dass sich die Erde um die Sonne dreht und deren Beweis, den Galileo Galilei (1564–1642) später erbrachte, stellte das Weltbild der Kirche vor enorme Probleme. Da Galileis Schlussfolgerungen eine Widerlegung der biblischen Schöpfungsgeschichte bedeuteten, musste die Kirche handeln. Es kam zu zwei Inquisitionsprozessen, in denen Galilei im erstem zum Schweigen verurteilt wurde und man ihm 1633 im zweiten Prozess unter Drohung von Folter unter Hausarrest stellte. Zudem wurden ihm jedwede weitere Lehr- und Forschungsaktivitäten verboten. Nach dem Urteil zog sich Galilei in sein Landhaus in Arcetri bei Florenz zurück, wo er 1642 verstarb.

Diese Beispiele zeigen, wie sich die Macht der Kirche im 15. und 16. Jhd. veränderte. Zudem führte die Entdeckung neuer Länder zu einer Ausweitung internationaler Handelsbeziehungen und dem Aufblühen einer reichen bürgerlichen Schicht. Die Bildung zog in die bürgerliche Gesellschaft ein und wissenschaftliche Erkenntnisse rüttelten an bestehenden Weltbildern. Sicherlich wäre es vermessen, diese Veränderungen ausschließlich der Erfindung des Buchdrucks zuzuschreiben. Jedoch lässt sich nicht bestreiten, dass ohne ihn die Geschichte einen anderen Verlauf genommen hätte.

2.3   Die üblichen Verdächtigen

Da man mit dem Buchdruck nun auch einen besseren Zugang zu den Texten der Antike hatte, ist es nicht verwunderlich, dass es im 15. und 16. Jhd. zu einer Rückbesinnung auf die Werte und Normen der griechischen und römischen Kultur kam. Nicht ohne Grund wird diese Epoche daher auch als *„Renaissance"* bezeichnet. Das Wort entstammt aus dem Französischen und bedeutet soviel wie *„Wiedergeburt"*. Neben der Neuinterpretation von literarischen und philosophischen Texten, setzte man sich zudem mit politischen Fragen der Antike auseinander. Auch in der bildenden Kunst besann man sich auf Themen aus dieser Zeit. Berühmte Maler wie Leonardo da Vinci (1452–1519), Michelangelo Buonarroti (1475–1564) und Raffael (1483–1520) schufen Werke, die auch heute noch in ihrer Schönheit und Aussagekraft kaum zu übertreffen sind. Hervorzuheben ist hierbei das von Raffael gemalte Bild *„Die Schule von Athen"* (1510–1511), das bedeutende Philosophen und Wissenschaftler aus der Antike zeigt (Abb. 2.1). Im Zentrum stehen Platon und Aristoteles, beide mit einem ihrer Hauptwerke unter dem Arm geklemmt oder in der Hand haltend. Bei Platon handelt es sich um *„Timaios"* und bei Aristoteles um die *„Nikomachische Ethik"*. Während Platon mit dem erhobenen Zeigefinger auf den Himmel weist, erstreckt sich der Arm von Aristoteles waagrecht nach vorne. Nicht ohne Grund hatte Raffael auf diese Details großen Wert gelegt, da die Richtung der Handbewegungen auch die Auffassungen beider Philosophen widerspiegeln. Platon, der Vertreter der Ideenlehre, geht davon aus, dass alles Wissen in jedem Menschen vorhanden ist, aber mit der Geburt vergessen wird. Lernen ist daher die Wiedererinnerung von Ideen, die verborgen in unserer Seele schlummern. Die Seele ist für Platon ein göttliches Element, das im jeden Menschen vorhanden ist. Sie ist zudem ein Teil der Weltseele und daher unsterblich. Laut Platon wird jeder Mensch unwissend geboren. Wissen erlangt er, wenn es ihm gelingt, sich an Dinge der Ideenwelt zu erinnern. Platon, ein Freund der Dialektik, war daher

Abb. 2.1 Die Schule von Athen (1510–1511) von Raffael (1483–1520). https://de.wikipedia.org/wiki/Die_Schule_von_Athen#/media/Datei:La_scuola_di_Atene.jpg

der festen Überzeugung, dass sich jeder Mensch nur durch geschicktes Fragen an die Bedeutung der Ideen wieder erinnern könne. Nur so komme der Mensch dem wahren Sinn seines Daseins ein Stück näher. Daher haben für Platon alle Gegenstände der Ideenwelt einen perfekten Zustand und sind zudem unvergänglich. Neben der Ideenwelt, die ihren Platz in der Seele hat, gibt es laut Platon auch noch eine Sinneswelt. In ihr befinden sich alle realen Dinge, die wir mit unseren Sinnen wahrnehmen. Als Abbilder der Ideenwelt sind sie nicht nur unvollkommen, sondern auch vergänglich. Ihr Studium kann daher nicht zur absoluten Wahrheit führen, die für Platon der Weg zum uneingeschränkten Glück ist. Platons Hand zeigt deshalb in den Himmel, der für ihn die Ideenwelt und das Göttliche symbolisiert.

Aristoteles hingegen, der ein Schüler Platons war, vertrat eine andere Position. Im Gegensatz zu seinem Lehrer war er der Ansicht, dass das Bewusstsein für ethische Normen und Werte nicht durch das Wiedererkennen von Dingen aus der Ideenwelt entsteht, sondern ein Streben nach einem tugendhaften Leben ist. Diese Tugenden müssen jedoch erlernt werden, in dem man sich mit seiner Umwelt auseinandersetzt. Dazu definierte Aristoteles mehrere Eigenschaften, zu denen u. a. Besonnenheit, Ehrenbewusstsein, Seelengröße, Wahrhaftigkeit und Artigkeit zählen. Die wichtigste Tugend für Aristoteles war jedoch die Klugheit, da alle anderen Eigenschaften auf sie transformiert werden können. In ihrer Gesamtheit verkörpern diese Eigenschaften für Aristoteles die ethischen Tugenden.

Die interpersonelle Persönlichkeitsstruktur ist für Aristoteles ausschlaggebend, ob ein Mensch ein tugendhaftes Leben führen kann. Diese besteht, so der Philosoph, aus verschiedenen Charaktereigenschaften, die wiederum in unterschiedliche Wesensmerkmalsgruppen unterteilt werden können. So gibt es beispielsweise arrogante und selbstsüchtige Menschen, aber auch Menschen, die aufgrund ihres geringen Selbstbewusstseins unsicher, zurückhaltend und verklemmt sind. Beide Eigenschaftsarten (arrogant und selbstsüchtig versus unsicher, zurückhaltend und verklemmt) sind für Aristoteles keine Tugenden. Für ihn zählt hier die goldene Mitte, weil nur eine gesunde Selbsteinschätzung die wirkliche Seelengröße ausmacht. Gleiches gilt auch für Geiz und Verschwendung. Beides hält Aristoteles für falsch. Jedoch kann der mäßige Umgang mit beiden Charaktereigenschaften zu einer überlegten Freizügigkeit führen, die Aristoteles ebenfalls zu einer der Tugenden zählt. Auch bezüglich der anderen Tugenden ist es für ihn wichtig, eine ausgewogene Balance zu finden. Nur Menschen, denen dies gelingt, haben es verstanden, ein ethisch korrektes Leben zu führen. Im Gegensatz zu Platon spielt für Aristoteles das Wiedererkennen der göttlichen Werte hierbei keine Rolle. Vielmehr handelt es sich um eine Auseinandersetzung mit der Realität, die für diesen Lernprozess verantwortlich ist. Daher ist Aristoteles Arm in Raffaels Gemälde horizontal auf das Diesseits gerichtet. Denn damit will er zeigen, dass das Hier und Jetzt entscheidend für das Erlernen der ethischen Tugenden ist.

Um ihre Auffassungen von Ethik zu untermauern schrieben beide Philosophen ihre Version eines Höhlengleichnisses. Das von Platon ist in der *„Politeia"* zu finden, die er Ende des 4. Jhd. v. Chr. verfasste (Platon 1985, S. 247–250). Das Höhlengleichnis von Aristoteles gibt es leider nicht in einer Originalfassung, aber es ist in dem Buch *„Vom Wesen der Götter"* von M. Tullius Cicero nachzulesen (Cicero 1990, S. 253–255). In Platons Höhlengleichnis geht es um eine Gruppe von Gefangenen, die in einer Höhle gefesselt, nur auf Schatten blicken können. Da sie keine anderen Dinge wahrnehmen, halten sie die Schatten für die Realität. Als es einem der Gefangenen gelingt, sich seiner Fesseln zu entledigen, kann er zum ersten Mal den Ursprung der Schatten erkennen. Noch zweifelnd über das, was er gesehen hat, gelangt er aus der Höhle an das Tageslicht. Dort sieht er zum ersten Mal die Sonne, die für Platon das Göttliche und das Glück symbolisiert. Mit diesem Wissen ausgestattet, kehrt er zu den anderen Gefangenen zurück und versucht, sie von seiner Erkenntnis zu überzeugen, dass die Schatten nur ein verzerrtes Abbild der Wirklichkeit seien und es deshalb nicht sinnvoll sei, sie zu studieren. Doch es sollte ihm nicht gelingen, die Anderen von seinem Erlebten zu überzeugen. Im Gegenteil, man hielt ihn für verwirrt und wollte ihn sogar töten.

Das Höhlengleichnis von Aristoteles handelt ebenfalls von Menschen, die in einer Höhle leben. Allerdings sind sie nicht wie bei Platon gefesselt und gefangen, sondern sie verbringen ein glückliches Leben im Luxus. So besitzen sie prachtvolle Wohnungen, die mit schönen Statuen und Gemälden ausgestattet sind. Auch wenn die Höhlenbewohner ihr Heim nie verlassen haben, wissen sie vom Hörensagen, dass es auf der Oberfläche der Erde eine göttliche Macht gibt. Wenn sie ihre Höhle verlassen würden, so die Überlieferung, könnten sie zum ersten Male die Schönheit der Erde, die Größe der Wolken und die Gewalt der Winde erleben. Sie würden verstehen, was Tag und Nacht bedeutet, und sie wären sich der Ewigkeit des Sternenhimmels bewusst. Erst wenn sie dies gesehen hätten, könnten die Menschen, laut Aristoteles, die Macht der göttlichen Schöpfung in ihrer Ganzheit begreifen.

Die beiden Höhlengleichnisse zeigen, wie unterschiedlich Platon und Aristoteles sich mit diesem Thema befasst haben. Für Platon muss die menschliche Seele erst mit dem Göttlichen in Kontakt treten, um den Sinn des Lebens zu verstehen. Aristoteles hingegen vertritt die Meinung, dass nur derjenige, der ein tugendhaftes Leben führt, in der Lage ist, dem Göttlichen näherzukommen. So sind für Platon die Dinge der Ideenwelt der Ursprung allen Wissens, während Aristoteles der Ansicht ist, dass man nur lernen kann, wenn man sich mit den realen Dingen des Lebens auseinandersetzt. Die Ansätze der beiden Philosophen unterscheiden sich so stark voneinander, dass man heute auch von einem platonischen Rationalismus und einem aristotelischen Empirismus spricht. Beide Richtungen sind bis heute noch aktuell und werden immer noch kontrovers diskutiert.

2.4   Klang der Ewigkeit

Die Rückbesinnung auf die Antike blieb nicht ohne Folgen. Denn aufgrund der Auseinandersetzung mit griechischen und römischen Texten wurde auch das mittelalterlich-scholastische Bildungswesen hinterfragt. Dieses hatte es sich u. a. zur Aufgabe gemacht, christliche Glaubensfragen wissenschaftlich zu beweisen. Mit dem Aufkommen einer neuen philosophischen Richtung, die heute als *„Renaissance Humanismus"* bezeichnet wird, erfolgte eine Loslösung von der Kirche. Statt Gott stand jetzt der Mensch im Mittelpunkt. Das Werk *„Über die Würde des Menschen"* von Giovanni Pico (1463–1494) sollte zu einem der bedeutendsten Beiträge aus dieser Zeit werden. Giovanni Pico, der schon als Kind für hochbegabt gehalten wurde, studierte bereits im Alter von 14 Jahren Rechts-wissenschaften an der Universität von Bologna. Sein Werk *„Über die Würde des Menschen"* verfasste er, als er 23 Jahre alt war, auch wenn es erst nach seinem Tod veröffentlicht werden sollte. Mit seinen Ausführungen über die Menschen-würde schien Pico seiner Zeit voraus zu sein. Einige seiner Resümees erinnern an die existenzialistischen Ideen von Jean-Paul Sartre (1905–1980). So stammt beispielsweise von Pico das Zitat:

> Also war er (Gott) zufrieden mit dem Menschen als einem Geschöpf von unbestimmter Gestalt, stellte ihn in die Mitte der Welt und sprach ihn so an: „[...] Ich habe dich in die Mitte der Welt gestellt, damit du dich von dort aus bequemer umsehen kannst, was es auf der Welt gibt. Weder haben wir dich himmlisch noch irdisch, weder sterblich noch unsterblich geschaffen, damit du wie dein eigener, in Ehre frei entscheidender, schöpferischer Bildhauer dich selbst zu der Gestalt aus-formst, die du bevorzugst." (Giovanni Pico della Mirandola 1990, S. 5–7))

Zirka 500 Jahre später kam Sartre zu ähnlichen Schlussfolgerungen. So schrieb er z. B.: *„Die Existenz geht der Essenz voraus"* (Sartre 1970, S. 170) und *„die einzigen Grenzen, auf die die Freiheit stößt, sind diejenigen, die sie sich selber auferlegt"* (Ebenda, S. 128). Auf dem ersten Blick erscheint es wie ein Zufall, dass sich die beiden Philosophen mit denselben Fragen beschäftigten und zu ähn-lichen Schlussfolgerungen kamen, da zwischen den Schaffensperioden von Pico und Sartre ein halbes Jahrtausend liegt. Im Verlauf dieser Zeit hat die Welt einen dramatischen Wandel erlebt. Es wurden nicht nur viele Kriege geführt, sondern auch Kulturen und Religionen veränderten sich, und der wissenschaftliche und technische Fortschritt wurde unaufhaltsam vorangetrieben. Auf dem zweiten Blick wird jedoch deutlich, dass sich beide Philosophen mit essentiellen Fragen des Lebens befassten. Diese sind zeitlos und werden die Menschheit auch weiter-hin beschäftigen. Insbesondere in Zeiten, wenn sich die Welt, wie im Augen-blick, im Umbruch befindet, wird für viele Menschen die Suche nach dem Sinn des Lebens immer wichtiger. Oftmals lohnt es sich dabei, statt nach vorne, auch zurück zu blicken. Denn die Auseinandersetzung und Reflektion mit der Ver-gangenheit kann Antworten auf Fragen geben, die damals wie heute an Aktualität nicht verloren haben.

Die Zukunft hat begonnen

3

3.1 Nobody is perfect

„Bilde dich selbst, und dann wirke auf andere durch das, was du bist!" (von Humboldt 1936)

Wilhelm von Humboldt (1767–1835)

Wie auch in der Renaissance befindet sich die Menschheit heute in einer Phase der Veränderungen. Aktuelle politische und religiöse Konflikte sind entbrannt. Die mühsam aufgebauten und friedensfördernden Maßnahmen der 90er Jahre haben erhebliche Rückschläge erhalten, die den Weltfrieden gefährden können. Das Bevölkerungswachstum und die damit verbundene Ausbeutung der Natur haben inzwischen zu Umweltschäden geführt, die sich nicht mehr beheben lassen. Es ist zu erwarten, dass weitere kriegerische Auseinandersetzungen und die Bevölkerungsexplosion dazu führen werden, dass noch mehr Menschen aus Krisengebieten ihre Länder verlassen werden. Die Kluft zwischen arm und reich wird immer größer, und auch die Chancen auf Bildung sind nicht gerecht verteilt. Zudem stehen wir aufgrund der Digitalisierung vor Herausforderungen, deren Folgen für uns nicht abzusehen sind. *Machine Learning* und *Artificial Intelligence* sind keine Zukunftsvisionen mehr, sondern sind inzwischen Teil unseres täglichen Lebens geworden. Mittlerweile werden so große Mengen von Daten generiert, dass man sie ohne technische Hilfsmittel weder speichern noch auswerten kann, um sie in ihrer Gesamtheit zu begreifen. Diese Entwicklungen werden aber nicht nur positiv gesehen, denn die Anzahl mahnender Stimmen vermehrt sich stetig. So prognostiziert beispielsweise der Zukunftsforscher Yuval Noah Harari in seinem Buch *„21 Lektionen für das 21. Jahrhundert"*, dass die Digitalisierung Millionen von Menschen in die Arbeitslosigkeit treibt und eine Klasse der Nutzlosen entstehen wird (Harari 2018).

© Springer Fachmedien Wiesbaden GmbH, ein Teil von Springer Nature 2020   13
H. Herwald, *Warum Ethik in der Wissenschaft wichtig ist*, essentials,
https://doi.org/10.1007/978-3-658-30688-5_3

Eine Konsequenz des exponentiellen Wachstums von Wissen und des Speicherns von Informationen führt zu einer zunehmenden Spezialisierung. Beides wird dazu verwendet, bestehende Verfahrensabläufe zu optimieren und neue sowie bessere zu entwickeln. Das Minimieren von Risiken spielt dabei eine große Rolle, um Fehler auszuschließen, die Qualität zu erhöhen und somit die Produktionsverfahren zu verbessern. Als Folge dieser Entwicklung werden Prozessabläufe immer stärker reguliert, sie müssen akribisch dokumentiert werden und sich ständig Kontrollen unterziehen. Denn so soll garantiert werden, dass die bestehenden Verfahrensprozesse noch effizienter werden und man immer weniger Spielraum für Fehler oder Probleme zulässt, die zu einer sinkenden Qualität führen könnten.

Sollte man denken, dass diese Verfahren nur für die Herstellung von industriellen Produkten verwendet werden, hat man weit gefehlt. Im Laufe der letzten Jahrzehnte haben sich diese Kontrollmechanismen in fast allen Bereichen unseres Alltags eingeschlichen. Angefangen von der Bestellung beim Online Versandhandel bis zu einer Google Abfrage werden Daten gesammelt und digital ausgewertet, damit bei der nächsten Bestellung oder Suche zusätzliche Angebote oder Hits präsentiert werden. Durch diese Maßnahmen soll das Konsumverhalten animiert werden. Das Sammeln von Informationen sowie deren Auswertung und Archivierung geht aber noch viel weiter und nimmt inzwischen einen signifikanten Teil der normalen Arbeitszeit in Anspruch. Insbesondere im Pflege- und Gesundheitsbereich kann dies auf Kosten einer angemessenen Patientenversorgung gehen. Aber auch in anderen Bereichen wie beispielsweise im Handwerk, der Landwirtschaft und im Dienstleistungsgewerbe werden die Vorschriften der Dokumentation so umfangreich, dass berechtigter Zweifel an dem Sinn dieser Maßnahmen besteht. So erfuhr z. B. die Einführung einer gesetzlichen Bonpflicht in Bäckereien großes mediales Interesse, weil ihre Zweckhaftigkeit für viele nicht mehr nachvollziehbar war.

Auch im Bildungswesen nehmen die Vorschriften überhand. In Deutschland werden Bildungsfragen auf föderaler Ebene geregelt. Um das deutsche Schulsystem auf den jeweils neusten Stand zu bringen, sind immer wieder Reformen erforderlich, mit denen die Qualität der schulischen Ausbildung in den Bundesländern gesteigert werden soll. All diese Maßnahmen haben dazu geführt, dass sich die Durchschnittsnote aller Abiturienten in der Zeit von 2006 bis 2019 ständig verbessert hat (Kultusministerkonferenz 2019). Der Schein jedoch trügt, da trotz dieser Maßnahmen und Reformen die Leistungsfähigkeit der Schülerinnen und Schüler nicht gesteigert werden konnte. So berichtet Peter-Andre Alt, Präsident der Hochschulrektorenkonferenz (HRK), in einem Interview, das er mit dem RedaktionsNetzwerk 2019 führte, von *„gravierenden*

Mängeln, was die Studienfähigkeit zahlreicher Abiturienten angeht" (Alt 2019). Hierzu zählen, so Alt, große Wissenslücken und die fehlende Fähigkeit, längere Texte zu lesen und zu schreiben. Dieser Trend sei seit fünf Jahren festzustellen und habe zu einer so erheblichen Verschlechterung des Bildungsniveaus geführt, dass einige Universitäten inzwischen Brückenkurse vor dem eigentlichen Studienbeginn anbieten, um die vorhandenen Defizite zu beheben.

Auch in den Studienabbruchraten ist diese Entwicklung zu erkennen. So zeigt ein Projektbericht des Deutschen Zentrums für Hochschul- und Wissenschaftsforschung (DZHW) von 2018, dass an Universitäten 32 % und an Fachhochschulen 25 % aller Studienanfängerinnen und Studienanfänger der Jahrgänge 2012/2013 ihr Bachelorstudium nicht beendet haben (Heublein und Schmelzer 2018). Dabei gibt es studien-spezifische Unterschiede. So liegen die Abbruchraten in den Ingenieur- und Naturwissenschaften tendenziell höher als in anderen Studiengängen. Spitzenreiter sind Mathematik und Informatik mit Studienabbruchquoten, die bei 54 % und 45 % liegen (Abb. 3.1). In einer anderen Umfrage des DZHWs wurde der Ursache für die Studienabbrüche nachgegangen (Heublein et al. 2017). Aus ihr geht hervor, dass 31 % der Studierenden Leistungsprobleme angeben, aber auch finanzielle Unsicherheiten (19 %) und

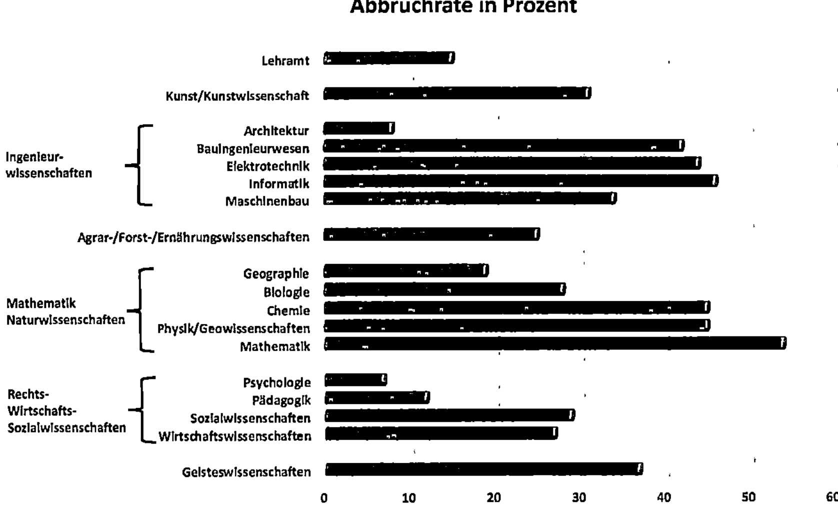

Abb. 3.1   Studienabbruchquoten im Bachelorstudium an Universitäten. (Modifiziert nach Heublein, U. und Schmelzer 2018)

mangelnde Studienmotivation (18 %) werden häufig genannt. Die Studie zeigt zudem, dass fehlende schulische Vorkenntnisse eine wichtige Rolle spielen. So ist insbesondere für Studierende mit bereits vorhandenen Leistungsproblemen in Mathematik, Deutsch und Englisch das Risiko eines Studienabbruchs deutlich erhöht. Aus der zweiten DZHW Untersuchung geht zudem hervor, dass die Zahl der Studienabbrecher ansteigt, wenn bei der Wahl eines Studiums hautsächlich Verdienst- und Karrieremöglichkeiten ausschlaggebend waren. Denn dies, so die Studie, würde oft zu einer mangelnden Studienmotivation und fehlenden Fachidentifikation führen.

Mit der Einführung des Bologna-Prozess, der 1999 von den Bildungsministern aus 29 europäischen Ländern unterzeichnet wurde, hat sich die deutsche universitäre Landschaft sehr verändert. Diplomstudiengänge wurden durch Bachelor- und Masterprogramme ersetzt. Als Folge der Umsetzung dieses Reformprogramms kann es zu einer enormen Erweiterung und Ausdifferenzierung der Anzahl der Studienfächer. So wurden im Wintersemester 2019/2020 über 20.000 verschiedene Studiengänge an deutschen Hochschulen angeboten. Dies entspricht einem Anstieg von fast 9000 Studiengängen in einem Zeitraum von nur 12 Jahren (Hochschulrektorenkonferenz 2019).

Es stellt sich daher die Frage nach den Gründen einer so hohen Abbruchquote trotz des enormen Angebotes an Studienmöglichkeiten. Hier lohnt es sich noch einmal, einen Blick auf die Untersuchung des DZHWs von 2017 zu werfen (Heublein et al. 2017). Denn aus ihr geht hervor, dass ein Großteil der Studienabbrecher (71 %) aufgrund von Leistungsproblemen (31 %), mangelnder Studienmotivation (18 %), den Studienbedingungen (12 %) oder des Fehlens praktischer und berufsfeldbezogener Lehrangebote (11 %) ihr Studium nicht fortsetzen wollten. Die genannten Gründe sind jedoch für den Aufbau einer Fachidentifikation von essentieller Bedeutung, da sie laut der DZHW Studie eine der Garanten für ein erfolgreiches Studium sind. Im Umkehrschluss kann man daher folgern, dass die neugewonnene Studienvielfalt ihr Ziel teilweise verfehlt hat. Denn vielen Studienabbrechern ist es anscheinend nicht gelungen, aus einem Angebot von über 20.000 Studienfächern einen Studiengang zu finden, der genau auf ihre individuellen Bedürfnisse und ihr Bildungsniveau zugeschnitten gewesen wäre.

Auch bei den Lehrenden haben die Reformen des Bologna-Prozesses nicht den gewünschten Erfolg erzielt. Eine Umfrage des Deutschen Hochschulverbandes von 2016 zeigt, dass 47 % aller befragten Professorinnen und Professoren die Einflussnahme der Hochschulverwaltung auf ihre Arbeit als hemmend empfinden (Deutscher Hochschulverband 2016). Dabei machten 79 % der Befragten den Bologna-Prozess für die zunehmende Bürokratisierung verantwortlich. Auch bei den Fragen zur Flexibilität in der Lehre, zu Prüfungsbelastungen und bezüglich des selbständigen Denkens der Studierenden fiel das Urteil der Lehrenden vernichtend aus und wird in dem Bericht als *„krachend gescheitert"* bezeichnet (Abb. 3.2) (Deutscher Hochschulverband 2016).

Eine Untersuchung des Verband der Professorinnen und Professoren der österreichischen Universitäten (UPV) kam zu einem ähnlichen Ergebnis. So beklagen drei Viertel der Befragten, dass der Bologna-Prozess für eine zunehmende Bürokratisierung an den österreichischen Hochschulen verantwortlich sei (Österreichischer Universitäts professorInnenverband 2018). Kritik kommt auch von anderen europäischen Ländern. Beispielsweise beschreibt die norwegische Historikerin Linda Haukland, dass mit dem Bologna-Prozess ein einheitliches *Europa des Wissens* geschaffen werden sollte. Jedoch würde, so Haukland, die Einführung von europäischen Standardisierungsprozessen die demokratischen Werte infrage stellen und hauptsächlich die Machtbefugnisse von universitären Verwaltungsorganisationen stärken. Der Einfluss der akademischen Lehrkräfte verschwinde jedoch zunehmend und stattdessen werde die universitäre Verwaltung zur neuen Elite in der Wissenschaft gemacht (Haukland 2017, S. 261–272).

Was aber bewegt die Europäische Union, einen so gewaltigen bürokratischen Aufwand zu betreiben? Die Antwort liegt in dem politischen Bestreben, Qualitätssicherungsmaßnahmen sowohl an universitären Einrichtungen als auch von Hochschulprogrammen europaweit zu etablieren (Sánchez Chaparro and Gómez Frías 2018, S. 1413–1420). In Schweden wurde beispielsweise 2013 eine

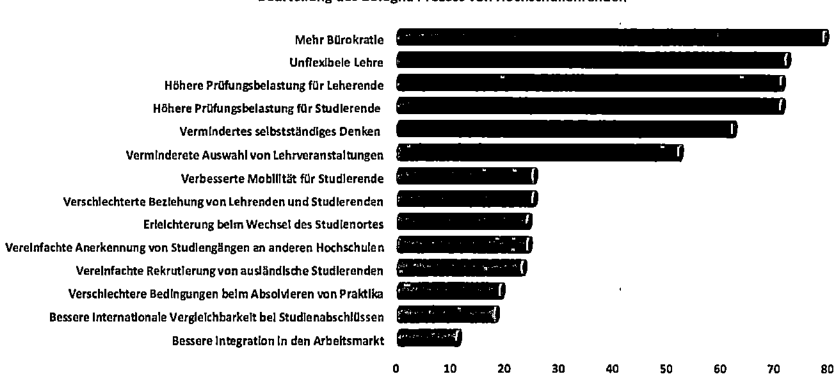

Abb. 3.2 Beurteilung des Bologna-Prozess von Hochschullehrenden. (Modifiziert nach Deutschen Hochschulverband 2016)

Hochschulbehörde ins Leben gerufen, die Qualität von Hochschulbildung und Forschung bewertet, ihre Entwicklung analysiert, für offizielle Statistiken über Hochschulbildung verantwortlich ist und die Einhaltung von Gesetzen und Vorschriften an Universitäten und Hochschulen überwacht. Mittlerweile arbeiten ca. 90 Personen in dieser Behörde. Nicht alle europäischen Länder können einen solchen Aufwand betreiben. Einige Regierungen haben sogar aufgrund der Wirtschaftskrise Ende der ersten Dekade des 21. Jhd. eine Verringerung des bürokratischen Aufwands gefordert und sprechen von einer *„Evaluationsermüdung"* (evaluation fatigue) (Ebenda).

Wie die Qualitätsstandards etabliert und überwacht werden sollen, ist in den *„Standards und Leitlinien für die Qualitätssicherung im Europäischen Hochschulraum"* beschrieben. Die aktuellsten wurden 2015 veröffentlicht und sind in 26 unterschiedlichen Sprachen, u. a. ins Gälische, Katalanische und Mongolische, übersetzt worden (ENQA 2015). Das Dokument basiert auf Vorschlägen von der European Association for Quality Assurance in Higher Education (ENQA), der European Students' Union (ESU), der European Association of Institutions in Higher Education (EURASHE) und der European University Association (EUA). Die Standards und Leitlinien sind in drei Teile untergliedert (Hochschulrektorenkonferenz 2015):

- Standards und Leitlinien für die interne Qualitätssicherung
- Standards und Leitlinien für die externe Qualitätssicherung
- Standards und Leitlinien für Qualitätssicherungsagenturen

Insgesamt handelt es sich um 24 Standards und Leitlinien, die in dem Dokument als *„das Ergebnis eines partizipativen Verfahrens"* bezeichnet werden. Sie beschreiben, wie *„die Qualitätssicherung im Europäischen Hochschulraum weiterzuentwickeln sei"* (Ebenda). In den Standards und Leitlinien für Qualitätssicherungsagenturen wird insbesondere die Macht der Kontrollinstitutionen gestärkt. Unter anderem wird z. B. vorgeschrieben, dass die jeweiligen Agenturen eine gesicherte Rechtsgrundlage haben und von den zuständigen Behörden als offizielle Entscheidungsträger anerkannt werden müssen. Außerdem wird gefordert, dass die Agenturen über ausreichende und angemessene, sowohl finanzielle als auch personelle, Ressourcen für ihre Arbeit verfügen müssen. Mehr als 20 Jahre nach der Unterzeichnung der Bologna-Erklärung sind diese Ziele jedoch noch nicht europaweit vollständig umgesetzt worden. So konstatierte 2017 beispielsweise das Europäische Forum zur Qualitätssicherung (European Quality Assurance Forum, EQAF), dass die akademische Anerkennung in der europäischen Hochschulbildung immer noch weitgehend in den Händen von

Hochschuleinrichtungen liege (EQAF 2017). Daher wurde von der EQAF eine Untersuchung vorgenommen, bei der sich u. a. auch herausstellte, dass einige Qualitätssicherungsagenturen in Betracht ziehen, Risikoabwägungen in ihre Programme mit aufzunehmen (Ebenda).

In Anbetracht dieser Entwicklungen ist es nicht verwunderlich, dass die Historikerin Linda Haukland der Ansicht ist, dass die stetige Überprüfung von Produktionsergebnissen einen sehr hohen Preis hat, nämlich den einer geringeren Qualität und Originalität in Lehre und Forschung (Haukland 2017, S. 261–272). Zudem ist sie der Auffassung, dass organisatorische und institutionelle Rahmenbedingungen als Einschränkungen angesehen werden können, welche die akademische Kreativität behindern. Laut Haukland stehen einige Ziele des Bologna-Prozesses, wie z. B. die Standards und Leitlinien für Qualitätssicherung, nicht im Einklang mit den Schlüsselwerten des Humboldtschen Bildungsideals, das seit dem frühen neunzehnten Jhd. auch heute noch bei vielen Akademikerinnen und Akademiker hohe Anerkennung erfährt. Die Ziele des Bologna-Prozesses würden, nach Haukland, Humboldts Ideale der akademischen Freiheit verletzen, da sie Professorinnen und Professoren zu fremdbestimmten Handlungen zwingen. Diese Entwicklungen seien jedoch nicht im Sinne der von Humboldt postulierten akademischen Freiheit. Deshalb sieht Haukland mit der zuzunehmenden Bürokratisierung an Universitäten und Hochschulen eine erhebliche Herausforderung an unser demokratisches Wertesystem.

3.2   Die Entdeckung der Unendlichkeit

„Der wahre Zweck des Menschen, nicht der, welchen die wechselnde Neigung, sondern welchen die ewig unveränderliche Vernunft ihm vorschreibt, ist die höchste und proportionierteste Bildung seiner Kräfte zu einem Ganzen. Zu dieser Bildung ist die Freiheit die erste und unerlässliche Bedingung." (von Humbold 1851, S. 9)
    Wilhelm von Humboldt (1767–1835)

Um zu verstehen, warum eine wachsende Bürokratisierung sich gegen die Ziele des Humboldtschen Bildungsideals richtet, lohnt es sich, einen Blick auf das Weltbild von Wilhelm von Humboldt zu werfen und sich mit seiner Einstellung zur akademischen Freiheit auseinanderzusetzen. Wilhelm von Humboldt (1767–1835) war der erste von zwei Söhnen des preußischen Offiziers Alexander Georg von Humboldt (1769–1859) und Marie-Elisabeth von Humboldt (1741–1796). Wilhelms Mutter, eine gebürtige Colomb, war in erster Ehe mit Friedrich Ernst Freiherr von Holwede (1723–1765) verheiratet. Als dieser nur fünf Jahre nach der

Eheschließung verstarb, hinterließ er seiner Frau nicht nur ein erhebliches Vermögen, sondern auch ein Schoss in Tegel, das später zum Wohnsitz von Wilhelm von Humboldt werden sollte. Wilhelm sowie sein jüngerer Bruder Alexander (1720–1779) wurden von ihren Eltern im Sinne der Aufklärung erzogen. Da den Eltern die Ausbildung ihrer Söhne sehr wichtig war, scheuten sie keine Kosten und ließen ihre Söhne von renommierten Hauslehren unterrichten. Zu den Lehrfächern zählten neben Deutsch, Mathematik und Geschichte, auch die Sprachen Latein, Altgriechisch und Französisch. Das Ansinnen der Eltern hat sein Ziel nicht verfehlt, denn seine Hingabe für Klassik und Sprachen sollte Wilhelm von Humboldt ein Leben lang begleiten, ihn prägen und formen. So verkehrte er bereits schon im Alter von 18 Jahren in den Kreisen der *Berliner Aufklärung.* Später studierte er Rechtswissenschaften, klassische Philologie und Philosophie, sowie Naturwissenschaften und Geschichte an verschiedenen deutschen Universitäten. Nach dem Studium arbeitete er u. a. im Auftrag der preußischen Regierung am Vatikan, in Österreich und England. In dieser Zeit pflegte er Freundschaften und Kontakte zu berühmten Vertretern der Aufklärung wie Johann Wolfgang Goethe (1749–1832) und Friedrich Schiller (1759–1805). Mehrmals wurde er vom preußischen Staat beauftragt, das damalige universitäre Bildungssystem zu reformieren. Auch wenn seine Bemühungen nicht von Erfolg gekrönt waren, sind Humboldts Visionen einer akademisch freiheitlichen Ausbildung immer noch sehr aktuell.

Ein Grundstein für Humboldts Bildungsideal ist der aufgeklärte Klassizismus. Er beinhaltet u. a. das Studium der Antike, der Sprachen und der Künste. Diese und einige andere Studienfächer waren für Humboldt das Fundament seines Bildungskonzepts. Es sollte zu einer ganzheitlichen Ausbildung beitragen und Studierenden sowie Lehrenden verhelfen, sich zu autonomen Individuen und Weltbürgern zu entwickeln. Ein universitäres Studium sollte jedem einzelnen Menschen ermöglichen, seine Selbstbestimmung zu finden. Um dies zu erlangen, müsse die akademische Freiheit garantiert sein. Keine Interessen von außen dürften daher, laut Humboldt, Lehre und Forschung an den Universitäten beeinflussen, weil sich dies kontraproduktiv auf die persönliche Entfaltung eines Individuums auswirken würde.

Die Aufklärung war aber nicht nur eine Zeit der Rückbesinnung auf die griechische und römische Antike, sondern sie war auch durch eine Vielzahl von Kriegen geprägt. So führten Anfang des 19. Jhd. die Kriegszüge Napoleon Bonapartes (1769–1821) gegen Europa u. a. auch zu einem Zusammenbruch von Preußen. Um einer wirtschaftlichen und politischen Katastrophe zu entgehen, sah sich der preußische König, Friedrich Wilhelm III. (1770–1840), gezwungen, sein Land mit radikalen Methoden in einen modernen Staat zu überführen. Diese Umstrukturierung sollte im Sinne der Aufklärung stattfinden und nicht nur Staats- und Verwaltungsorganisationen betreffen, sondern auch eine Bildungsreform beinhalten, mit der Wilhelm von Humboldt 1809 als *Direktor der Sektion für Kultus und öffentlichen Unterricht im Ministerium des Inneren* beauftragt wurde. Diese Maßnahme war auch darin begründet, dass mit der Niederlage gegen Napoleon Bonaparte Preußen die Universitäten in Göttingen und Halle an Frankreich verloren hatte und somit ein Bildungsvakuum in Preußen entstand. Um diese Lücke zu schließen, sollte neben der verbleidenden Universität in Königsberg eine neue Universität in Berlin entstehen. Anfangs stürzte sich Wilhelm von Humboldt mit sehr viel Ehrgeiz in sein neues Amt und versuchte, seine Ideen bzgl. einer freien Wissenschaft und sein Bildungsideal durchzusetzen. Nur ein Jahr später trat er jedoch im April 1810 von seinen Ämtern wieder zurück, da er der Auffassung war, dass er seine Vorhaben nicht so durchsetzen konnte, wie er es gerne gesehen hätte. Als 1810 die Universität zu Berlin *(Alma Mater Berolinensis)* ihren Lehrbetrieb aufnahm, war Wilhelm von Humboldt schon nicht mehr in die Planung involviert. Trotzdem sollte die Universität zu Berlin, die 1828 in Friedrich-Wilhelms-Universität und 1949 in Humboldt-Universität umbenannt wurde, Wilhelm von Humboldts Ideen verfolgen. Dies wird z. B. in einer Rede zum Geburtstagsfest von Friedrich Wilhelm III. deutlich, die 1811 der erste Rektor der Universität zu Berlin, Theodor Schmalz (1760–1831), hielt. In seinem Vortrag, der im selben Jahr veröffentlich wurde, ist nachzulesen:

> „Der Staat ist nicht Bildungs – Anstalt, sondern Schutz – Anstalt; je kraftvoller er dieß zu seyn, darauf sich zu beschränken strebt, desto kraftvoller wird in ihm Wissenschaft und Bildung sich empor heben. Wissenschaft kann nur in Freiheit gedeihen, welche der Staat ihr gewährt. Ihre Blühte dorrt, wo der Despotismus seinen eisernen Stab über sie ausstreckt." (Schmalz 1811)

Noch deutlicher wird Johann Gottlieb Fichte (1762–1814), der im selben Jahr (1811) das Amt des Rektors übernahm. In seiner Antrittsrede vom 19. Oktober 1811, mit dem Titel: *„Über die einzigmögliche Störung der akademischen Freiheit"* vertrat er die Meinung:

> „Eine Universität muß darum, falls sie ihren Zweck erreichen und in der Tat sein soll, was sie zu sein vorgibt, von diesem Punkt aus sich selbst überlassen bleiben: sie bedarf von außen und fordert mit Recht vollkommene Freiheit, die akademische Freiheit in der ausgedehntesten Bedeutung des Wortes." (Fichte 1905)

## 3.3	Die Reifeprüfung

„Und doch liegt in dem Begriff „Akademische Freiheit" so etwas Tiefes und Wunderbares, daß es fast erstaunlich ist, daß sich nicht irgendein philosophischer Kopf daran gemacht hat, einerseits durch Forschen und Suchen in dem Begriffe sein Wesen und seine Grenzen zu erkennen, andrerseits mit aller Schärfe und Folgerichtigkeit seine praktische Bedeutung zu formulieren." (Fichte 1905)
Arnold Ruge (1802–1880)

Der Ruf nach einer universitären Freiheit, lässt sich zum einen aufgrund instabiler politischer Verhältnisse und der durch Kriege zerrütteten Zeit erklären, die teilweise erhebliche Veränderungen mit sich brachten. Das Beispiel der damaligen Friedrichs-Universität in Halle zeigt dies besonders deutlich. Nach Napoleon Bonapartes Sieg über Preußen ging die Universität 1806 in den Besitz des Königreichs Westphalen über, das zu dieser Zeit von Jérôme Bonaparte (1784–1860), dem jüngsten Bruder von Napoleon, regiert wurde. Nach der Niederlage Preußens wurde die Universität geschlossen und Teile der universitären Gebäude in ein Lazarett umgewandelt. Zwei Jahre später ließ Jérôme Bonaparte die Universität wieder öffnen. Allerdings währte dies nur eine kurze Zeit, denn sie wurde im Rahmen einer erneuten französischen Belagerung bereits 1813 wieder geschlossen. Nach der Völkerschlacht bei Leipzig (16. bis 19. Oktober 1813) und der Niederlage Napoleon Bonapartes gelang die Universität wieder in preußischen Besitz und nahm ihren Lehrbetrieb 1814 wieder auf. Drei Jahre später beschloss Friedrich Wilhelm III. die Friedrichs-Universität in Halle mit der Wittenberger Universität zu fusionieren und beide Universitäten in die Vereinigte Friedrichs-Universität Halle-Wittenberg umzuwandeln. Ihren heutigen Namen Martin-Luther-Universität Halle-Wittenberg erhielt sie 1933 in Gedenken an den 450. Geburtstag des Reformators.

Ein anderer Grund, der zur Forderung nach einer akademischen Unabhängigkeit geführt hat, lag in der damaligen Regierungsform. Zwar hatte Friedrich Wilhelm III. den preußischen Staat reformiert, doch sollte es noch mehr als hundert Jahre dauern bis die konstitutionelle Monarchie durch eine parlamentarische Demokratie abgelöst wurde. Friedrich Wilhelm III. war wie sein Vorvorgänger Friedrich II., auch als Friedrich der Große bekannt (1712–1786), ein Anhänger des aufgeklärten Absolutismus. Der aufgeklärte Absolutismus unterscheidet sich von einer absolutistischen Monarchie dadurch, dass er von einer säkularisierten Herrschaftsform ausgeht. Im Gegensatz zu früheren absolutistischen Herrschern, wie dem französischen Sonnenkönig Ludwig XIV. (1638–1715), die sich für von Gott erwählt hielten, sahen sich aufgeklärte Monarchen als erste Diener des Staates, wie es Friedrich II. ausdrückte.

Auch sonst war der preußische König seiner Zeit voraus. Beispielsweise erließ er direkt nach seinem Amtsantritt ein Verbot der Folter, gewährte die Religionsfreiheit und führte ein modernes Bildungssystem ein. Die Hingabe zur Aufklärung zeigte sich auch in einer jahrzehntelangen Freundschaft, die Friedrich II. mit dem französischem Philosophen Voltaire (1694–1778) pflegte.

Die aufgeschlossene Haltung von Friedrich II. zur Aufklärung wurde auch von anderen Philosophen geschätzt. So bezeichnete beispielsweise Immanuel Kant (1724–1804) das Zeitalter der Aufklärung als *„das Jahrhundert Friedrichs"* (Kant 1784, S. 481–494). Da Friedrich II. kinderlos blieb, wurde die Thronfolge an seinen Neffen Friedrich Wilhelm II. (1744–1797) übergeben, der den aufgeklärten Führungsstil seines Vorgängers nicht übernahm, ein erneutes Zensuredikt einführte und die Religionsfreiheit wieder einschränkte. Die politischen Kompetenzen von Friedrich Wilhelm II. wurden von Zeitgenossen nicht besonders geschätzt. So beschreibt der französische Politiker Graf Marquis de Mirabeau (1749–1791) die Situation am preußischen Königshofe wie folgt:

> „Von Tag zu Tage steigt die Verachtung gegen den neuen König. Man ist schon über die Bestürzung hinweg, die der Verachtung vorhergeht. Im Anfang staunte man, als man sah, daß der König seiner Vorliebe treu blieb fürs Theater, fürs Konzert, für die alte und für die neue Maitresse. Man staunte, als er Stunden fand, um Bilder, Möbel, Kaufmannsläden zu besehen, um auf dem Violoncell zu spielen, um über die Händel der Hofdamen sich zu unterrichten — und Minuten, um seine Minister zu hören, die unter seinen Augen die Interessen des Staates lenken. Gegenwärtig staunt man, wenn irgend eine Thorheit einer neuen Art oder irgend eine Gewohnheitssünde nicht einen seiner Tage in Anspruch genommen hat. —Und dennoch konnte die Wut, selbst zu regieren, ohne selbst etwas zu thun, nicht höher steigen. Seit zwei Monaten schon hat der König mit keinem Minister gearbeitet." (de Mirabeau zit. nach Vehse 1901)

Als 1797 Friedrich Wilhelm III. nach dem Tode seines Vaters die Thronfolge übernahm, muss dies von den preußischen Universitäten mit Erleichterung zur Kenntnis genommen worden sein. Dies wird insbesondere in der Rede zum Geburtstagsfeste des Königs deutlich, in der Theodor Schmalz hervorhebt, dass die Wissenschaft nur in einem kraftvollen Staat gedeihen kann. Auch in Johann Gottlieb Fichtes Antrittsrede ist dies erkennbar, wenn er fordert, dass eine Universität sich selber überlassen sein soll und sich nicht an den jeweiligen politischen Situationen orientieren muss.

Dass die Forderungen nach einer akademischen Freiheit nicht nur zur Zeiten des aufgeklärten Absolutismus von großer Bedeutung waren, sondern immer noch einen aktuellen Bezug haben, zeigt das Schicksal der Central European

University in Budapest. So erließ der ungarische Ministerpräsident Viktor Orbán 2017 eine Gesetzesnovelle, um eine der renommiertesten Universitäten Europas, aus Ungarn zu verbannen. Aber es gibt auch Berichte aus anderen Ländern wie der Türkei und Russland, in denen mit politischen Mitteln auf die universitäre Freiheit Einfluss genommen wird.

Während in einigen Ländern die akademische Freiheit wenig beachtet wird, ist sie in Deutschland gesetzlich verankert. So heißt es im Artikel 5 Absatz 3 des Grundgesetzes: *„Kunst und Wissenschaft, Forschung und Lehre sind frei"*. Jedoch findet man dort auch: *„Die Freiheit der Lehre entbindet nicht von der Treue zur Verfassung"* (Bundesministerium für Justiz und Verbraucherschutz, o. J.). Dieser Zusatz hat eine wichtige Funktion, denn er bedeutet, dass die akademische Freiheit mit den Werten der demokratischen Grundordnung verknüpft ist. Um diesen Auftrag genauer zu definieren hat die Allianz der Wissenschaftsorganisationen zum 70. Jahrestag des Grundgesetzes (2019) ein Memorandum mit dem Titel *„Freiheit ist unser System"* verfasst (Allianz der Wissenschaftsorganisationen 2019). Zu den Mitgliedern der Allianz gehört das *Who-is-Who* der führenden Wissenschafts- und Forschungsorganisationen:

- die Alexander von Humboldt-Stiftung
- die Nationale Akademie der Wissenschaften Leopoldina
- der Deutsche Akademische Austauschdienst
- die Deutsche Forschungsgemeinschaft
- die Fraunhofer-Gesellschaft
- die Helmholtz-Gemeinschaft
- die Hochschulrektorenkonferenz
- die Leibniz-Gemeinschaft
- die Max-Planck-Gesellschaft
- der Wissenschaftsrat

In dem Dokument werden u. a. folgende 10 Thesen zur Wissenschaftsfreiheit gefordert:

1. Wissenschaftsfreiheit weltweit fördern
2. Vertrauen in wissenschaftliche Erkenntnisse stärken
3. Besondere Freiheitsrechte erfordern besondere Selbstkontrolle
4. Freiheit heißt nicht frei von Regeln
5. Freie Wahl von Forschungsgegenständen gewährleisten
6. Wissenschaftsfreiheit gilt auch für Wissenstransfer

7. Freie Wissenschaft braucht verlässliche Rahmenbedingungen
8. Forschungsleistung bewerten ohne die Wissenschaftsfreiheit einzuschränken
9. Freiheit der Wissenschaft erfordert eine Debattenkultur
10. Wissenschaftsfreiheit braucht den Diskurs in der Gesellschaft

Weiterhin heißt es in dem Memorandum, dass die freie Wissenschaft ein *„Pfeiler der liberalen Demokratie und Voraussetzung für wirtschaftlichen und gesellschaftlichen Fortschritt"* ist. Dies hat und wird auch in Zukunft zu Interessenkonflikten führen. Daher entwächst aus der wissenschaftlichen Freiheit die Verantwortung und Verpflichtung, immer die Auswirkungen der Forschung gegenüber dem Allgemeinwohl abzuwägen. Diese Entscheidungen können nur auf Grundlage einer ethischen Begutachtung getroffen werden. Dazu müssen Wissenschaftlern, im Sinne von Humboldts Bildungsideal, mit einer ganzheitlichen Sichtweise an die Herausforderungen in Lehre und Forschung herantreten. Aus diesem Grund müssen das Humboldtsche Bildungsideal und die akademische Freiheit gepflegt und bewahrt werden. Denn sie sind nicht dazu da, um Wissenschaftler von der Verantwortung zu entbinden, sondern sie stellen sie in die Pflicht, Wissenschaft unter Einhaltung von ethischen Prinzipien zu betreiben.

Apocalypse Now   **4**

4.1 Der Sinn des Lebens

„Zwei Dinge erfüllen das Gemüt mit immer neuer und zunehmender Bewunderung und Ehrfurcht, je öfter und anhaltender sich das Nachdenken damit beschäftigt: Der bestirnte Himmel über mir, und das moralische Gesetz in mir. Beide darf ich nicht als in Dunkelheiten verhüllt, oder im überschwenglichen, außer meinem Gesichtskreise, suchen und bloß vermuten; ich sehe sie vor mir und verknüpfe sie unmittelbar mit dem Bewußtsein meiner Existenz." (Kant 2019)
Immanuel Kant (1724–1804)

Wilhelm von Humboldts Bildungsideal, das zu einem autonomen Individuum und Weltbürger führen soll, ist u. a. das Ergebnis seiner Auseinandersetzung mit Philosophen der Aufklärung wie z. B. mit Immanuel Kant. Die Schriften von Kant sollen Wilhelm von Humboldt schon in jungen Jahren beeinflusst haben (Berglar 2015). Immanuel Kant ist einer der bedeutendsten Philosophen der Aufklärung. Seine Ausführungen über Vernunft, Ethik und Ästhetik zählen zu den wichtigsten Werken der Erkenntnistheorie und sind heute immer noch so aktuell wie vor 200 Jahren. In zwei seiner Hauptwerken, *Kritik der reinen Vernunft* und *Kritik der praktischen Vernunft,* nimmt Kant Stellung zu Fragen zur transzendentalen Logik, des moralischen Handelns und der menschlichen Vernunft. In dem ersten der beiden Bücher widmet er sich insbesondere dem Thema der Erkenntnis. Um zu einer Erkenntnis zu gelangen, bedarf es, laut Kant, einer Erfahrung, was er wie folgt formuliert:

„Der Verstand mag ein Vermögen der Einheit der Erscheinungen vermittelst der Regeln sein, so ist die Vernunft das Vermögen der Einheit der Verstandesregeln unter Prinzipien. Sie geht also niemals zunächst auf Erfahrung oder auf irgendeinen Gegenstand, sondern auf den Verstand, um den mannigfaltigen Erkenntnissen

© Springer Fachmedien Wiesbaden GmbH, ein Teil von Springer Nature 2020   27
H. Herwald, *Warum Ethik in der Wissenschaft wichtig ist,* essentials,
https://doi.org/10.1007/978-3-658-30688-5_4

desselben Einheit a priori durch Begriffe zu geben welche Vernunfteinheit heißen mag, und von ganz anderer Art ist, als sie von dem Verstande geleistet werden kann." (Kant 2019)

Dabei versteht Kant unter *„a priori"*, wenn ein Urteil unabhängig von jedweder Erfahrung entsteht. In Gegensatz hierzu stehen Urteile, die aufgrund von Erlebnissen oder Erfahrungen getroffen werden. Letztere bezeichnet Kant als *„a posteriori"*. Um aber aus Erfahrungen Rückschlüsse schließen zu können, bedarf es, so Kant weiter, des Verstandes. Denn nur mit seiner Hilfe kann man zu einem Erkenntnisgewinn kommen. Daher so Kant:

„Ohne Sinnlichkeit würde uns kein Gegenstand gegeben, und ohne Verstand keiner gedacht werden. Gedanken ohne Inhalt sind leer, Anschauungen ohne Begriffe sind blind. Daher ist es ebenso notwendig, seine Begriffe sinnlich zu machen [...] als seine Anschauungen sich verständlich zu machen [...]. Beide Vermögen, oder Fähigkeiten, können auch ihre Funktionen nicht vertauschen. Der Verstand vermag nichts anzuschauen, und die Sinne nichts zu denken." (Ebenda)

In seinem zweiten Hauptwerk *(Kritik der praktischen Vernunft)* beschäftigt sich Kant mit den drei Fragen: *„Was kann ich wissen?"*, *„Was soll ich tun?"* und *„Was darf ich hoffen?"*. Zudem schreibt er über Freiheit, definiert den kategorischen Imperativ und äußert sich zum moralischen Handeln, welches für Kant der Garant zum Glück ist. Eine Prämisse für Kant ist hierbei, dass Freiheit eine Voraussetzung für moralisches Handeln ist. Dazu, so Kant, sei es *„a priori (moralisch) notwendig, das höchste Gut durch Freiheit des Willens hervorzubringen."* (Ebenda). Der Wille muss daher absolut frei sein. Nur wenn diese Voraussetzungen gewährleistet sind, kann der kategorische Imperativ angewendet werden: *„Handle so, dass die Maxime deines Willens jederzeit zugleich als Prinzip einer allgemeinen Gesetzgebung gelten könne."* (Ebenda). Sobald der Wille von äußeren Einflüssen beeinflusst ist, kann er, laut Kant, nicht mehr frei sein. Daher müssen die Maximen des Willens aus reiner Vernunft entstehen. Freiheit und Moral sind also unwiderruflich mit einander verbunden. Siegfried König schreibt hierzu:

„Kant verknüpft Freiheit und moralisches Gesetz so eng, dass beide zu den zwei Seiten der gleichen Medaille werden. Freiheit besteht darin, dass Sie dem moralischen Gesetz gehorchen und moralisches Handeln ist umgekehrt der einzige Ausdruck von Freiheit." (König 2017, S. 85)

Legt man den kategorischen Imperativ zugrunde, dann lässt sich auch Kants Einstellung zu den Menschenrechten erklären. So schreibt Kant:

> „Das moralische Gesetz ist heilig (unverletzlich). Der Mensch ist zwar unheilig genug, aber die Menschheit in seiner Person muß ihm heilig sein. [...] Nur der Mensch, und mit ihm jedes vernünftige Geschöpf, ist Zweck an sich selbst. Er ist nämlich das Subjekt des moralischen Gesetzes, welches heilig ist, vermöge der Autonomie seiner Freiheit." (zit. nach König 2017, S. 85)

Daher müssen laut Kant alle Menschen gleich behandelt werden. Hierzu schreibt er:

> „Der praktische Imperativ wird also folgender sein: Handle so, dass du die Menschheit sowohl in deiner Person, als in der Person eines jeden andern jederzeit zugleich als Zweck, niemals bloß als Mittel brauchst." (Kant 1785, S. 42)

Dieser Gedanke von Kant spiegelt sich auch im Artikel 1 Absatz 1 des deutschen Grundgesetzes wider. Er lautet: *„Die Würde des Menschen ist unantastbar. Sie zu achten und zu schützen ist Verpflichtung aller staatlichen Gewalt."* (Bundesministerium für Justiz und Verbraucherschutz, o. J.) Vielen Menschen ist jedoch nicht bewusst, dass dieser Artikel erst durch Kant und seiner Vorstellung von Freiheit eine noch tiefere Bedeutung hat, als es auf den ersten Blick erscheint.

4.2   The day after tomorrow

> „Der Begriff der Freiheit ist der Schlüssel zur Erklärung der Autonomie des Willens" (Kant 1785)
> Immanuel Kant (1724–1804)

In der Geschichte der Menschheit gibt es immer wieder Ereignisse, die so unfassbar sind, dass der menschliche Verstand sie in seinen Ausmaßen nicht begreifen kann. Doch das Unvorstellbare trat immer wieder ein und wird auch in Zukunft uns oft unerwartet und mit aller Gewalt treffen. Dabei kann es sich um ganz unterschiedliche Szenarien handeln, wie die Nuklearkatastrophe von Tschernobyl im Jahre 1986, der Völkermord in Ruanda, dem 1994 bis zu einer Million Menschen zum Opfer fielen, die Terroranschläge vom 11. September 2001 oder der Ausbruch der Corona-Pandemie in 2020, um einige Beispiele aus der jüngsten Zeit zu nennen. Allen ist gemeinsam, dass durch sie die Lage vollständig außer Kontrolle geriet, normale Abläufe nicht mehr gewährleistet waren und sich eine drohende Handlungsunfähigkeit anbahnte. Die dabei auftretende scheinbare Macht- und Ausweglosigkeit kann sich zudem lähmend auf die Handlungsfähigkeit auswirken und zu einer weiteren Eskalation der Situation beitragen, die dann immer mehr aus den Fugen zu geraten droht. Zwar existieren für viele mögliche Katastrophen Krisenpläne, doch meist handelt es sich dabei um Modelle, in denen verschiedene Szenarien theoretisch durchgespielt werden. In extremen Ausnahmesituationen können sie deshalb nur partielle Hilfe bieten. Wenn aber das Unvorhersehbare geschieht und das Unwahrscheinliche eintritt, kommen Konsequenzanalysen und Risikoabwägungen an ihre Grenzen. Auch das maschinelle Lernen und die künstliche Intelligenz können dann keine Lösungen mehr anbieten. Aus der Sicht Kants nähert man sich nun einer Situation, in der Entscheidungen aus Mangel an empirischen Untersuchungen oder Befunden *a priori* gefällt werden müssen.

Für Politiker und Wissenschaftler bedeutet dies eine sehr große ethische Verantwortung, da sie Entscheidungen frei von äußeren Einflussnahmen und Zwängen treffen müssen. Nicht alle sind dem gewachsen, und es wird vor allem in der Corona-Krise deutlich, dass einige politische Staatsoberhäupter sich nicht als Weltbürger aufführen, sondern egoistisch nationale und wirtschaftliche Interessen dem Vorrang geben, was auf Kosten anderer Nationen oder der von sozialschwachen Bevölkerungsschichten geht. Insbesondere in diesen Ausnahmesituationen wird die Bedeutung von Humboldts Bildungsideal als das eines autonomen Individuums und Weltbürgers deutlich. Auf dem ersten Blick scheinen sich die beiden Ideale auszuschließen, aber wenn man sie aus Kants Sichtweise betrachtet, machen sie Sinn. Denn nach Kant kann nur ein Mensch, der frei von äußeren Einflussnahmen ist, Entscheidungen treffen, die den Vernunftprinzipien des kategorischen Imperativs folgen, oder wie er es ausdrückt: *„Handle so, dass die Maxime deines Willens jederzeit zugleich als Prinzip einer allgemeinen Gesetzgebung gelten könne."* (Kant 2019). Die Wissenschaft muss hier einen wichtigen Beitrag leisten, da sie zu globalen Problemen wie Klimaschutz, Umweltverschmutzung und Pandemien Lösungen anbieten muss, die dem Wohl der Allgemeinheit dienen. Deshalb ist die wissenschaftliche Freiheit ein Grundpfeiler für zukünftige Entscheidungen im Sinne einer globalen Verantwortungsgemeinschaft.

4.3   Armageddon – Das Jüngste Gericht

„Die eigentliche Moralität der Handlungen (Verdienst und Schuld) bleibt uns daher, selbst die unseres eigenen Verhaltens, gänzlich verborgen. Unsere Zurechnungen können nur auf den empirischen Charakter bezogen werden. Wie viel aber davon reine Wirkung der Freiheit, wie viel der bloßen Natur und dem unverschuldeten Fehler des Temperaments, oder dessen glücklicher Beschaffenheit (merito fortunae) zuzuschreiben sei, kann niemand ergründen, und daher auch nicht nach völliger Gerechtigkeit richten." (Kant 2019)

Immanuel Kant (1724–1804)

In der aktuellen Diskussion um die Corona-Krise wird u. a. auch über die Notwendigkeit von „Triage" Maßnahmen debattiert. Der Begriff *„Triage"* kommt aus der französischen Sprache und bedeutet soviel wie *„Auswahl".* Ursprünglich wurde die Triage in der Militärmedizin eingeführt, um eine optimale Versorgung von verwundeten Soldaten gemäß der Schwere ihrer Verletzungen zu gewährleisten. Heute wird der Begriff nicht nur bei der Erstversorgung in militärischen Einsetzen, sondern in der Katastrophennotfallversorgung, wie bei Erdbeben, Flugzeug- und Zugunglücken oder Terroranschlägen verwendet. Je nach Art des Unglücks können verschiedene Triage-Bewertungssysteme zum Einsatz kommen. Im deutschsprachigen Raum hat sich das Manchester Triage-System durchgesetzt. Um Patienten gemäß der Schwere ihrer Verletzungen oder Erkrankungen zu behandeln, wurden Farbkodexe mit sog. Sichtungskategorien eingeführt. Beispielsweise bedeutet im Manchester Triage-System die Farbe *„rot",* dass ein Patient sofort behandelt werden muss, *„orange"* und *„gelb"* stehen für *„sehr dringend"* bzw. *„dringend",* während bei den Farben *„grün"* (normal) und *„blau"* (nicht dringend) Entwarnung gegeben werden kann.

Mit dem Ausbruch der Corona-Pandemie steht die Weltgemeinschaft 2020 vor einer der größten Herausforderungen seit Ende des 2. Weltkrieges. Um der enormen Ausbreitungsgeschwindigkeit des Covid-19 Virus entgegenzutreten, mussten drastische Maßnahmen eingeführt werden, mit denen teilweise geltende ethische Wertesysteme sehr strapaziert wurden. Besonders betroffen waren dabei Ärzte und das Pflegepersonal, da sie aufgrund von fehlendem Ausrüstungsmaterial oder medizinischer Apparatur nicht mehr jedem Patienten eine gleichwertige Behandlung ermöglichen konnten. Sollte man denken, dass eine solche medizinische Notfallsituation für einen technologisch so fortschrittlichen Kontinent wie Europa undenkbar sei, hat man weit gefehlt. Die Krise zeigt mit einer grausamen Deutlichkeit, wie viele europäische Länder mit einem maroden Gesundheitssystem zu kämpfen haben. So klagten viele italienische Ärzte über fehlende Beatmungsgeräte. Diese sind notwendig, um schwerst-erkrankte Corona-Patienten künstlich beatmen zu können. Als Folge der unzureichenden Ausstattung wurden Ärzte vor die qualvolle Entscheidung gestellt, welchen Patienten durch künstliche Beatmung das Leben gerettet werden sollte. Dass sie damit für die andere Patientengruppe ein Todesurteil unterzeichneten, macht deutlich, welche Verantwortung die Ärzte damit auf sich laden mussten. Um Ärzten bei der Entscheidungsfindung zu helfen, hatte die italienische Gesellschaft für Anästhesie, Analgesie, Reanimations- und Intensivmedizin (SIAARTI) den Intensivmedizinern u. a. empfohlen, Patienten mit einer voraussichtlich höheren Lebenserwartung bevorzugt zu behandeln. Dabei solle *„das Prinzip der Nutzenmaximierung für die größte Zahl von Menschen"* gelten"

(SIAARTI 2020). Im Umkehrschluss würde dies bedeuten, dass ältere Patienten mit Vorerkrankungen im Sinne eines Triage-Verfahrens von einer Behandlung unter bestimmten Voraussetzungen ausgeschlossen werden müssen.

Diese Empfehlung hat in Deutschland eine ethische Diskussion ausgelöst. So schreibt beispielsweise die Philosophieprofessorin Weyma Lübbe, ehemaliges Mitglied im Deutschen Ethikrat, dass die Zielvorgabe des SIAARTI beunruhigend sei, weil mit diesem Vorschlag die eigentliche Bedeutung der Triage, nämlich ein Maximum an Leben zu retten, keinen Sinn mehr mache. Da man über Nutzungsmaximierung spreche, so die Philosophin, würde man in dieser Äußerung eine Maxime des Utilitarismus, also der zweckorientierten Nutzethik, wiedererkennen. Zudem zeige es, dass die SIAARTI die Begründungslogik der Triage missverstanden habe (Lübbe 2020). Die Tragweite der Empfehlung des SIAARTI wird besonders ersichtlich, wenn man ihre Konsequenzen betrachtet. So mag man sich nicht ausdenken, welche Empfehlungen die SIAARTI im Sinne der zweckorientierten Nutzethik geben würde, falls nur ein Beatmungsgerät für zwei Personen zur Verfügung steht, die voraussichtlich die gleiche Lebenszeit vor sich haben. Sollte man dann gemäß dem Prinzips der Nutzenmaximierung andere Parameter, wie ethnische Herkunft, sozialer Status oder Berufsstand mit einbeziehen? Die Folgen eines solchen Selektionsprinzips wären mit unseren heutigen Werte- und Normensystemen nicht vereinbar.

Am 26. März 2020 veröffentliche die Deutsche Interdisziplinäre Vereinigung für Intensiv- und Notfallmedizin (DIVI) zusammen mit sechs anderen Fachgesellschaften eine Pressemitteilung mit einer gemeinsamen klinisch-ethischen Empfehlung (DIVI 2020). In dieser Erklärung heißt es, dass die klinische Erfolgsaussicht, also die Wahrscheinlichkeit, ob der Patient die Intensivbehandlung überleben wird, als Kriterium für die Zuteilung von Ressourcen in Notfallsituationen ausschlaggebend sein soll. Es darf dabei nicht in der Verantwortung des Arztes liegen, Menschen oder Menschenleben zu bewerten. Es wird weiterhin ausdrücklich in dem Dokument betont, dass das Alter für die Beurteilung der klinischen Erfolgsaussicht keine Rolle spielen darf.

Auch der deutsche Ethikrat gab eine Stellungnahme zu diesem Thema nach Anfrage des Bundesgesundheitsministers, Jens Spahn, ab. In einem achtseitigen Dokument mit dem Titel *Solidarität und Verantwortung in der Corona-Krise* (Deutscher Ethikrat 2020), kommt der Ethikrat u. a. zu dem Schluss, dass es einen basalen Diskriminierungsschutz für alle Menschen geben muss, um die Einhaltung der Menschenwürde garantieren zu können. Dies impliziert, dass es dem Staat nicht erlaubt ist, weder über den Wert eines menschlichen Lebens zu urteilen, noch Bewertungen vorzunehmen, die den Nutzen oder die Dauer seines Lebens betreffen. Staatliche Stellungnahmen, die Maßnahmen zur

Regulierung von Überlebenschancen und Sterbensrisiken in akuten Krisensituationen betreffen, seien daher unzulässig. Da jeder Mensch, so der Ethikrat in seiner Erklärung, den gleichen Schutz für sich in Anspruch nehmen kann, sind staatliche Bewertungskriterien, die z. B. das Geschlecht oder die ethnische Herkunft betreffen, nicht erlaubt. Ebenso darf der Staat keine Unterscheidungen treffen, die sich auf das Alter, den sozialen Stand oder eine prognostizierte Lebenserwartung beziehen. Damit distanziert sich der Ethikrat deutlich von den utilitaristischen Empfehlungen der SIAARTI. Vielmehr sei es die Pflicht des Staates sicherzustellen, so der Ethikrat, dass möglichst vielen Menschen das Leben gerettet werden kann. Dies bedeutet vor allem, die Grundlagen der Rechtsordnung zu garantieren. Um dies zu gewährleisten, empfiehlt der Ethikrat eine staatliche Zusammenarbeit in Krisenzeiten mit Vertretern aus unterschiedlichen gesellschaftlichen und wissenschaftlichen Bereichen. Denn es dürfe nicht zu einer Situation kommen, in der wichtige Entscheidungen einzelnen Personen oder Organisationen überlassen werden. Extremsituationen erfordern daher in besonderen Maße eine ausgewogene und besonnene politische Verantwortung. Deshalb bezeichnet der Ethikrat die Corona-Krise als *„die Stunde der demokratisch legimitierten Politik"* am Ende seiner Stellungnahme.

Mit ihren Aussagen vertreten sowohl die Deutsche Interdisziplinäre Vereinigung für Intensiv- und Notfallmedizin als auch der Deutsche Ethikrat einen Standpunkt, in dem die Würde des Menschen Vorrang vor staatlichen Interessen hat. Besonders deutlich ist hier der Ethikrat, da er sich eine staatliche Einflussnahme verbittet. Zugleich fordert er aber, dass die Bundesregierung alle Voraussetzungen schaffen muss, damit auch in Notsituationen die Menschenrechte eingehalten werden können. Mit anderen Worten, es muss in der Pflicht des Staates liegen, seine Bürger so zu schützen, dass sie nicht zu Menschenrechtsverletzungen gezwungen werden, wie es im Falle einer Triage für einen behandelnden Arzt zutreffen kann.

4.4   Jäger des verlorenen Schatzes

„Handle so, dass die Maxime deines Willens jederzeit zugleich als Prinzip einer allgemeinen Gesetzgebung gelten könne." (Kant 2019)
     Immanuel Kant (1724–1804).

Um auf die Eingangsfrage zurückzukehren, warum Ethik in der Wissenschaft wichtig ist, lohnt es sich noch einmal, sich den Ausspruch aus der Gesta Romanorum zu vergegenwärtigen: *„Quidquid agis, prudenter agas et respice finem"* (Gesta Romanorum 1872) (Was auch immer du tust, du mögest klug handeln und berücksichtige das Ende). In dem Zitat geht es um die Abschätzung von Kausalprinzipien, also über die Verknüpfung von Ursache und Wirkung, deren Erkenntnisse aber erst in der Zukunft sichtbar werden. Für Kant sind Erkenntnisse entweder *a priori* oder *a posteriori* gültig. Im letzteren Fall stützen sie sich auf Erfahrungen. Sind sie jedoch unabhängig von jedweder Erfahrung, werden sie von ihm als *a priori* bezeichnet. Beispiele für *a priori* hergeleitete Erkenntnisse sind Axiome, da sie als nicht-deduktiv ableitbare und widerspruchsfreie Grundsätze eine wichtige Funktion in der Mathematik haben. Kant definiert Axiome als *„synthetische Grundsätze a priori, sofern sie unmittelbar gewiß sind."* (Kant 2019). In der Philosophie haben Axiome, laut Kant, keinen Platz. So schreibt er:

> „Die Philosophie hat also keine Axiomen und darf niemals ihre Grundsätze a priori so schlechthin gebieten, sondern muß sich dazu bequemen, ihre Befugnis wegen derselben durch gründliche Deduktion zu rechtfertigen." (Ebenda)

Das Kausalitätsprinzip hat eine große Bedeutung bei der Erstellung von Krisenplänen. Diese basieren auf bereits vorhandenen Erfahrungen und Erkenntnissen von früheren Katastrophen oder eingespielten Szenarien *(a posteriori)*. Sie bilden die Grundlage für Handlungspläne, die eventuell eintretende Krisen verhindern oder bekämpfen sollen. In der heutigen Zeit werden Krisenpläne oft unter Zuhilfenahme von modernsten Technologien und computerunterstützten Modellen entwickelt. Die Geschichte zeigt jedoch immer wieder, dass in Extremfällen Krisenpläne dann versagen, wenn Horrorsituationen eintreten, die mittels des Kausalitätsprinzips nicht mehr erklärbar sind. Um dies zu verstehen, muss man bei der Verwendung des Kausalitätsprinzips den temporären Aspekt mit berücksichtigen. Denn wenn die Wirkung einer Ursache in der Vergangenheit liegt, kann man so lange nach Gründen suchen, bis eine logische Erklärung für das Geschehene gefunden wurde. Liegt die Wirkung des Ereignisses jedoch in der Zukunft, ist die Analyse möglicher Ursachen, die Ereignisse beeinflussen können, deutlich erschwert. Denn es besteht das Risiko, dass in die Überlegungen nicht alle Faktoren, die den Vorgang auf ihre Wirkung hin beeinflussen können, einbezogen werden.

Um die Anzahl der nicht berücksichtigten Faktoren zu minimieren, ist es u. a. Aufgabe der Wissenschaft, neue und verbesserte Modelle zu entwickeln, mit denen Vorgänge in der Zukunft immer besser vorhersagbar werden. Dabei werden die Methoden immer ausgefeilter und effizienter und als Folge dieser Entwicklungen die Voraussagungen auch immer genauer. Mit der stetigen Entwicklung verbesserter wissenschaftlicher und technischer Möglichkeiten und

Algorithmen kann daher ein Pseudovertrauen in die Vorhersagekraft und Handlungsempfehlungen dieser Modelle vorgegaukelt werden. Normalerweise führt dies nicht zu Problemen, aber wenn eine Situation vollständig aus dem Ruder gerät, wie in der Corona-Krise, kann es zu einem totalen Versagen von Krisenplänen kommen. So mussten beispielsweise, wie bereits beschrieben, überlastete Ärzte in Italien ad hoc Entscheidungen über Leben und Tod treffen, da es an technischer Ausrüstung fehlte. Diese Horrorszenarien zwingen Ärzte, Entscheidungen zu treffen, in denen nicht mehr ihre medizinische Fachkompetenz gefragt ist. Hier müssen stattdessen ethische Prinzipien Anwendung finden. Für Ärzte bedeutet dies eine zusätzliche Belastung, die weit über die normale berufliche Qualifikation hinausgeht.

Wie bereits beschrieben, befinden wir uns in einer Zeit des Umbruchs. Die Corona-Krise hat nur zu deutlich gezeigt, wie fragil unsere Weltgemeinschaft ist und was passieren kann, wenn in einer Pandemie unser Wertesystem so sehr infrage gestellt wird, dass ein Leben nicht mehr geschützt werden kann. Andere und vielleicht schlimmere Krisen werden folgen. So sterben beispielsweise allein in Europa jährlich mehr als 30.000 Menschen an bakteriellen Infektionen, verursacht von multi-resistenten Keimen. Auch hierbei handelt es sich um eine tickende Bombe. Deshalb ist es nur eine Frage der Zeit, wann eine bakterielle Pandemie über Europa hinwegfegen wird. Aber auch andere Gefahren drohen. So können die Auswirkungen der Umweltzerstörung und des Klimawandels noch verhängnisvollere Katastrophen auslösen. Hier ist dringender Handlungsbedarf gefordert, um drohende Gefahren abzuwenden. Experten warnen schon seit langen, dass man nicht mehr länger warten darf, da es in absehbarer Zeit keine Möglichkeiten mehr geben wird, mit denen die Erde und somit auch die Menschheit gerettet werden können. Diese Problematik trifft auch auf die Politik und Wirtschaft zu. Wachsender Nationalismus, falsch verstandene Globalisierung und Neoliberalismus, gepaart mit religiösen Konflikten, lassen ständig neue Brandherde entstehen, die auf den Schultern der Ärmsten ausgetragen werden und immer wieder neue Flüchtlingswellen auslösen. Die kommende Zeit wird uns daher in vielerlei Hinsicht vor enorme und nicht vorhersehbare Herausforderungen stellen.

Leider ist es der Weltgemeinschaft trotz des rasanten wissenschaftlichen Fortschritts, sei es in der Medizin, in den Natur-, Ingenieur- Politik- oder Wirtschaftswissenschaften, bislang nicht gelungen, erfolgsversprechende Konzepte zu entwickeln. Die Corona-Pandemie hat gezeigt, wie fragil unser doch so scheinbar fortschrittliches und kontrolliertes Leben ist. Wahrscheinlich ist, dass weitere Unglücke, gleichen oder schlimmeren Ausmaßes, folgen werden. Jedes wird neue und möglicherweise unvorhersehbare Herausforderungen mit sich bringen, sei es durch Naturkatastrophen, Kriege oder aufgrund von globalen wirtschaftlichen Krisen. Die Vergangenheit hat uns gelehrt, dass Krisenpläne wichtig und bis zu einem gewissen Grad hilfreich sind. Falls aber in Ausnahmesituationen diese Krisenpläne versagen, werden nicht nur fachliche sondern auch ethische Kompetenzen von Wissenschaftlern, Ingenieuren, Ärzten, Politikern und Wirtschaftsexperten von großer Bedeutung sein. Eine Ausbildung gemäß dem Humboldtschen Bildungsideal kann hierzu einen wichtigen Beitrag leisten.

Ethische Ansprüche müssen auch bei der Weiterentwicklung digitaler Technologien gestellt werden. Einige Experten warnen bereits jetzt schon vor der Gefahr, dass die Verantwortung für menschliches Leben vollständig Algorithmen überlassen werde. Es wird daher u. a. gefordert, dass künstliche Intelligenz und maschinelles Lernen nicht dazu verwendet werden dürfen, um ethische Verantwortungen aus der Hand zu geben. Daher muss, so wie es Erich Fromm bereits 1968 vorausschauend formulierte (Fromm 1968), eine Gesellschaft so gestaltet werden, dass die Technik im Dienst des menschlichen Wohl-Seins steht und nicht umgekehrt.

In Zeiten der Veränderung kann die Rückkehr zu bewährten Werten dazu verhelfen, neue Perspektiven für die Zukunft zu schaffen und Menschen beim Übergang in eine neue Epoche Halt zu geben. So ist z. B. der aufgeklärte Humanismus aufgrund der Rückbesinnung der Renaissance auf die antiken Lehren entstanden. Auch Humboldts Bildungsideal eines autonomen Individuums und Weltbürgers ist einer Rückbesinnung auf die Antike geschuldet. Dabei sind Humboldts Vorstellungen heute immer noch wichtig wie vor 200 Jahren und sie werden in Zukunft sehr wahrscheinlich immer mehr an Bedeutung gewinnen. Das Humboldtsche Prinzip verlangt, dass die Wissenschaft dazu beitragen muss, dass ethische Prinzipien eingehalten werden und vorausschauend gehandelt wird. Diese Fähigkeiten werden insbesondere in außergewöhnlichen Krisensituationen dringendst benötigt. Deshalb ist es notwendig, dass die Wissenschaft auf diese Zeit vorbereitet und sie sich ihrer ethischen Verantwortung bewusst ist.

Epilog 5

Was geschah eigentlich mit Krösus, nachdem er Solon aus seinem Domizil verwiesen hatte? Die Überlieferung besagt, dass es ihm gelang, sein Königreich Lydien, ein Küstenstreifen in der heutigen Westtürkei, so weit auszudehnen, bis es im Osten an Persien stieß. Beide Länder wurden damals in Norden an ihrem Grenzverlauf durch den Fluss Halys getrennt. Um sein Reich noch weiter zu vergrößern, befragte Krösus das Orakel in Delphi, ob es ihm gelingen würde, Persien zu erobern. Das Orakel gab Krösus zur Antwort, dass er ein großes Reich zerstören werde, wenn sein Heer den Halys überquere. Somit stand der Entschluss für Krösus fest, Krieg gegen den Perserkönig Kryos zu führen. Doch diesen sollte Krösus nicht gewinnen. Von der Gier besessen, war sein Verstand so benebelt, dass er die Doppeldeutigkeit des Orakelspruchs nicht begriff. So begann er den Krieg, ohne in Erwägung zu ziehen, dass er damit sein eigenes Land zerstören werde. Nach seiner Niederlage, so berichtet Herodot, sollte Krösus auf dem Scheiterhaufen verbrannt werden (Herodot 1885). Von Flammen umgeben erinnerte Krösus sich an die Worte von Solon, dass man auf das Ende einer jeden Handlung schauen muss, um den Sinn und den Wert seiner Taten zu verstehen. Daraufhin rief er den Namen „*Solon*" dreimal so laut aus, dass Kryos neugierig wurde und Krösus fragte, wer Solon sei und warum er sich im Angesicht seines Todes an ihn erinnere. Vom lodernden Feuer umzingelt, berichtete Krösus von seiner Begegnung mit Solon und wieso er erst jetzt den tieferen Sinn des Gesprächs verstanden habe. Kryos war so sehr angetan von dem Gesagten, dass er veranlasste, das Feuer zu löschen. Als es sich jedoch erwies, dass diese Rettungstat zu spät kam und Krösus durch menschliche Hilfe nicht mehr den Flammen entkommen könne, betete Kryos zu Apollon, dass dieser Krösus retten möge. Apollon erhörte diese Bitte und ließ einen Regenschauer über den

© Springer Fachmedien Wiesbaden GmbH, ein Teil von Springer Nature 2020   37
H. Herwald, *Warum Ethik in der Wissenschaft wichtig ist,* essentials,
https://doi.org/10.1007/978-3-658-30688-5_5

Scheiterhaufen niedergehen, wodurch der Brand gelöscht wurde und Krösus dem Feuertod entgehen konnte.

Die Geschichte Herodots gibt Anlass zur Hoffnung, da sie zeigt, dass sich ein Besinnen auf ethische Werte, auch wenn es in letzter Sekunde geschieht, nicht zu spät sein kann. Parallelen zur heutigen Zeit sollten daher optimistisch stimmen. Jedoch muss es in unserer Hand liegen, ethische Grundsätze zu implementieren und sie umzusetzen, da wir nicht auf die Hilfe der Götter hoffen können.

Was Sie aus diesem *essential* mitnehmen können

- das Humboldtsche Bildungsideal ist heute immer noch so aktuell wie vor 200 Jahren
- wissenschaftliche Freiheit bedeutet, eine hohe ethische Verantwortung auf sich zu nehmen
- Wissenschaft muss im Sinne des Allgemeinwohls handeln

© Springer Fachmedien Wiesbaden GmbH, ein Teil von Springer Nature 2020   39
H. Herwald, *Warum Ethik in der Wissenschaft wichtig ist,* essentials,
https://doi.org/10.1007/978-3-658-30688-5

Literatur

Allianz der Wissenschaftsorganisationen, 2019: https://wissenschaftsfreiheit.de/kampagne/, letzter Aufruf 06.05.2020.

Alt, Peter-André im Interview mit Tobias Peter, „Es gibt gravierende Mängel, was die Studierfähigkeit zahlreicher Abiturienten angeht", 18.06.2019, https://www.rnd.de/politik/es-gibt-gravierende-mangel-was-die-studierfahigkeit-zahlreicher-abiturienten-angeht-7YTV45D5N5U527AKAAIMPQ7IUI.html, Letzter Aufruf 06.05.2020.

Griechische Jahrtausendworte in die Gegenwart gesprochen. Auswahl und Kommentierung: Wilhelm Anschuber und Florian Hörtenhuemer. 27. Bundesolympiade Latein und Griechisch 13.–17.4.2015 Kremsmünster (2015).

Berglar, P.: Wilhelm von Humboldt. Rowohl E-Book Monographie. 2015.

Biemel, Walter: Jean-Paul Sartre in Selbstzeugnissen und Bilddokumenten (S. 170) Herausgegeben von Kurt Kusenberg, Rowohlt Taschenbuch Verlag GmbH, Reinbek bei Hamburg (1970).

Bundesministerium für Justiz und Verbraucherschutz, o. J.: http://www.gesetze-im-internet.de/gg/index.html#BJNR000010949BJNE002100314, letzter Aufruf 06.05.2020.

M. Tullius Cicero: Vom Wesen der Götter. Drei Bücher lateinisch-deutsch. Herausgegeben, übersetzt und erläutert von Wolfgang Gerlach und Karl Bayer. Artemis Verlag München und Zürich (3. Auflage 1990).

Deutscher Ethikrat, Solidarität und Verantwortung in der Corona-Krise, 2020: www.ethikrat.org/mitteilungen/2020/solidaritaet-und-verantwortung-in-der-corona-krise/, letzter Aufruf 06.05.2020.

Pressemitteilung des Deutschen Hochschulverbandes vom 21.12.2016: Bürokratie an den Universitäten schadet der Lehre: www.hochschulverband.de/pressemitteilung.html?&no_cache=1&tx_ttnews%5Btt_news%5D=254&cHash=9e1376edd37e19471dd2a18a2cf28f42#_ und https://www.hochschulverband.de/fileadmin/redaktion/download/pdf/pm/Grafik_2.pdf, letzter Aufruf 06.05.2020.

DIVI, PM: COVID-19: „Wir entscheiden nicht nach Alter!" – Intensiv- und Notfallmediziner legen klinisch-ethische Entscheidungs-Empfehlungen vor, 2020: www.divi.de/presse/pressemeldungen/pm-covid-19-wir-entscheiden-nicht-nach-alter-intensiv-und-notfallmediziner-legen-klinisch-ethische-entscheidungs-empfehlungen-vor, letzter Aufruf 06.05.2020.

© Springer Fachmedien Wiesbaden GmbH, ein Teil von Springer Nature 2020 41
H. Herwald, *Warum Ethik in der Wissenschaft wichtig ist,* essentials,
https://doi.org/10.1007/978-3-658-30688-5

ENQA: Standards and Guidelines for Quality Assurance in the European Higher Education Area (2015): https://enqa.eu/index.php/home/esg/, letzter Aufruf 06.05.2020.

EQAF: Current practices on external quality assurance of academic recognition among QA agencies (2017): https://enqa.eu/indirme/papers-and-reports/occasional-papers/Current%20practices%20on%20EQA%20of%20academic%20recognition%20among%20QA%20agencies.pdf, letzter Aufruf 06.05.2020.

Fichte, G. T. Über die einzige Möglichkeit der akademischen Freiheit. Als ein Beitrag zu den Zeitfragen mit einer Einleitung herausgegeben von Arnold Rüge. Heidelberg 1905 Carl Winter's Universitätsbuchhandlung.

Fromm, E. Die Revolution der Hoffnung: Für eine Humanisierung der Technik. (Vorwort zur Originalausgabe). Aus dem Amerikanischen von Liselotte und Ernst Mickel. Herausgegeben von Rainer Funk. Verlag: Edition Erich Fromm (1968).

Gesta Romanorum: Herausgegeben von Hermann Oesterley. Weidmannsche Buchhandlung, Berlin (1872).

Yuval Noah Harari: 21 Lektionen für das 21. Jahrhundert. Übersetzt von Andreas Wirthensohn. Herausgegeben von C. H. Beck, München (2018).

Haukland, L. The Bologna Process: the democracy–bureaucracy dilemma. Journal of Further and Higher Education, 41:3 (2017).

Herodot. Die Geschichten des Herodots. Übersetzt von Friedrich Lange. Neu herausgegeben von Dr. Otto Güthling: Verlag von Philipp Reclam jun. (1885).

Heublein, U., und Schmelzer, R. Die Entwicklung der Studienabbruchquoten an den deutschen Hochschulen. Statistische Berechnungen auf der Basis des Absolventenjahrgangs 2016 (Projektbericht). Hannover: DZHW. Projektbericht (2018). www.dzhw.eu/pdf/21/studienabbruchquoten_absolventen_2016.pdf. Letzter Abruf 06.05.2020.

Heublein, U., Ebert, J., Hutzsch, C., Isleib, S., König, R., Richter, J., und Woisch, A. Zwischen Studienerwartungen und Studienwirklichkeit. Ursachen des Studienabbruchs, beruflicher Verbleib der Studienabbrecherinnen und Studienabbrecher und Entwicklung der Studienabbruchquote an deutschen Hochschulen. Hannover: DZHW (2017). https://d-nb.info/1133370292/34, letzter Aufruf 06.05.2020.

Hofmann, J. Welche Bedeutung hat das Humboldt'sche Erbe für unsere Zeit? 225. Veranstaltung der Humboldt-Gesellschaft am 08.01.10: http://www.humboldtgesellschaft.de/inhalt.php?name=humboldt, letzter Aufruf 06.05.2020.

HRK Hochschulrektorenkonferenz (Hrsg.): Standards und Leitlinien für die Qualitätssicherung im Europäischen Hochschulraum (ESG). (Zweite, geänderte Ausgabe, Bonn, November 2015). https://enqa.eu/indirme/esg/ESG%20in%20German_by%20HRK.pdf, letzter Aufruf 06.05.2020.

HRK Hochschulrektorenkonferenz: Die Stimme der Hochschulen. Statistische Daten zu Studienangeboten an Hochschulen in Deutschland Studiengänge, Studierende, Absolventinnen und Absolventen. Wintersemester 2019/2020 (2019). www.hrk.de/fileadmin/redaktion/hrk/02-Dokumente/02-03-Studium/02-03-01-Studium-Studienreform/HRK_Statistik_BA_MA_UEbrige_WiSe_2019_20_finale_internet.pdf, letzter Aufruf 06.05.2020.

Kant, I. Beantwortung der Frage: Was ist Aufklärung? In: Berlinische Monatsschrift. H. 12, S. 481–494 (1784).

Kant, Immanuel. Grundlegung zur Metaphysik der Sitten (German Edition). Projekt Gutenberg-DE. Kindle Edition (Zuerst erschienen 1785).

Kant, Immanuel. Drei Kritiken: Kritik der reinen Vernunft, Kritik der praktischen Vernunft, Kritik der Urteilskraft (German Edition). e-artnow. Kindle Edition. 2019.

König, S. Immanuel Kant: Sein Leben und seine Werke (German Edition). Kindle Edition. 2017.

Kultusministerkonferenz: www.kmk.org/dokumentation-statistik/statistik/schulstatistik/abitur-noten.html. Letzter Abruf 06.05.2020.

Lü Bu We: Frühling und Herbst des Lü Bu We.(S 153) Übersetzt von Richard Wilhelm. Herausgegeben von Karl-Maria Guth, 4. Auflage, Verlag der Contumax GmbH & Co. KG, Berlin (2013).

Weyma Lübbe: Corona-Triage. Ein Kommentar zu den anlässlich der Corona-Krise publizierten Triage-Empfehlungen der italienischen SIAARTI-Mediziner, 2020: https://verfassungsblog.de/corona-triage/, letzter Aufruf 06.05.2020.

Giovanni Pico della Mirandola: De hominis dignitate (Über die Würde des Menschen) Lateinisch-Deutsch. Übersetzt von Norbert Baumgarten. Herausgegeben und eingeleitet von August Buck, Philosophische Bibliothek, Felix Meier Verlag Hamburg (1990).

Österreichischer UniversitätsprofessorInnenverband 2018: Umfrage: Resümme Bologna-Prozess, https://www.upv.ac.at/upv-umfrage-bologna/, letzter Abruf 06.05.2020.

Platon: Der Staat (Politeia) Übersetzt von F. Schleiermacher (Akademie Verlag Berlin) 1985 [Neuausgabe der zweiten verbesserten Auflage (Berlin 1817–26) bzw. der ersten Auflage des dritten Theils. Berlin (1828).

Schmalz, T., Rede als am Geburtstagsfeste des Königs 3. August 1811 die Königliche Universität zu Berlin zum ersten Male öffentlich versammlete gesprochen von Theodor Schmalz. D. als Rector der Universität. Berlin. In Commission bei J. E. Hitzig. 1811.

Sánchez Chaparro, T and Gómez Frías, V. Increasing significance of external quality assurance in higher education: current strategies applied by European agencies. 4th International Conference on Higher Education Advances (2018).

SIARTI 2020: RACCOMANDAZIONI DI ETICA CLINICA PER L'AMMISSIONE A TRATTAMENTI INTENSIVI E PER LA LORO SOSPENSIONE, IN CONDIZIONI ECCEZIONALI DI SQUILIBRIO TRA NECESSITÀ E RISORSE DISPONIBILI: www.siaarti.it/SiteAssets/News/COVID19%20-%20documenti%20SIAARTI/SIAARTI%20-%20Covid19%20-%20Raccomandazioni%20di%20etica%20clinica.pdf, letzter Aufruf 06.05.2020.

Vehse, E. Illustrierte Geschichte des preußischen Hofes des Adels und der Diplomatie vom großen Kurfürsten bis zum Tode Kaiser Wilhelms I. Zweiter Band. Von Friedrich Wilhelm II. bis zum Tode Kaiser Wilhelms I. Stuttgart: Franckh'sche Verlagshandlung W. Keller & Co., 1901.

von Humboldt, W. Ideen zu einem Versuch, die Grenzen der Wirksamkeit des Staats zu bestimmen. Verlag von Eduart Trewendt, Breslau (1851).

Brief von Wilhelm von Humboldts an Georg Forster. In: Albert Leitzmann: Georg und Therese Forster und die Brüder Humboldt. Urkunden und Umrisse. Bonn (1936).